高等学校城市地下空间工程专业规划教材

# 岩土工程勘察

宁宝宽　于　丹　刘振平　主　编

解　磊　副主编

人民交通出版社股份有限公司
China Communications Press Co.,Ltd.

# 内 容 提 要

本书根据土木工程及城市地下空间工程专业教学计划要求,参考现行相关规范编写,全书共分为10章,论述了土木工程领域常用的岩土工程勘察方法与评价。主要内容有:岩土工程勘察等级及岩土分类,不良地质作用与特殊性岩土,工程地质测绘与调查,勘探与取样,岩土工程原位测试,室内试验,地下水,现场检验与监测以及岩土工程分析评价与成果报告等。

本书可作为高等院校土木工程、城市地下空间工程、道路桥梁与渡河工程、地质工程等专业的本科生、研究生教材,亦可供从事相关专业的工程技术人员及备战注册土木工程师执业资格考试的人员参考。

**图书在版编目(CIP)数据**

岩土工程勘察 / 宁宝宽,于丹,刘振平主编. — 北京:人民交通出版社股份有限公司,2017.10
高等学校城市地下空间工程专业规划教材
ISBN 978-7-114-14238-3

Ⅰ. ①岩… Ⅱ. ①宁… ②于… ③刘… Ⅲ. ①岩土工程—地质勘探—高等学校—教材 Ⅳ. ①TU412

中国版本图书馆 CIP 数据核字(2017)第 240369 号

高等学校城市地下空间工程专业规划教材

书　　名:岩土工程勘察
著 作 者:宁宝宽　于 丹　刘振平
责任编辑:张征宇　赵瑞琴
出版发行:人民交通出版社股份有限公司
地　　址:(100011)北京市朝阳区安定门外外馆斜街 3 号
网　　址:http://www.ccpress.com.cn
销售电话:(010)59757973
总 经 销:人民交通出版社股份有限公司发行部
经　　销:各地新华书店
印　　刷:北京鑫正大印刷有限公司
开　　本:787×1092　1/16
印　　张:10.25
字　　数:229 千
版　　次:2017 年 10 月　第 1 版
印　　次:2017 年 10 月　第 1 次印刷
书　　号:ISBN 978-7-114-14238-3
定　　价:28.00 元

# 序　言

　　近年来,我国城市建设以前所未有的速度加快发展,规模不断扩大,人口急剧膨胀,不同程度地出现了建设用地紧张、生存空间拥挤、交通阻塞、基础设施落后等问题,城市可持续发展问题突出。开发利用城市地下空间,不但能为市民提供创业、居住环境,同时也能提供公共服务设施,可极大地缓解中心城市密度,疏导交通,增加城市绿地,改善城市生态。

　　为适应城市地下空间工程的发展,2012年9月,教育部颁布了《普通高等学校本科专业目录》(以下简称专业目录),专业目录里将城市地下空间工程专业列为特设专业。目前国内已有数十所高校设置了城市地下空间工程专业并招生,在这个前所未有的发展时期,城市地下空间工程专业系列教材的建设明显滞后,一些已出版的教材与学生实际需求存在较大差距,部分教材未能反映最新的规范或标准,也没有形成体系。为满足高校和社会对于城市地下空间工程专业教材的多层次要求,人民交通出版社股份有限公司组织了全国十余所高等学校编写《高等学校城市地下空间工程专业规划教材》,并于2013年4月召开了第一次编写工作会议,确定了教材编写的总体思路,于2014年4月召开了第二次编写工作会议,全面审定了各门教材的编写大纲。在编者和出版社的共同努力下,目前这套规划教材陆续出版。

　　这套教材包括《地下工程概论》《地铁与轻轨工程》《岩体力学》《地下结构设计》《基坑与边坡工程》《岩土工程勘察》《隧道工程》《地下工程施工》《地下工程监测与检测技术》《地下空间规划设计》《地下工程概预算》和《轨道交通线路与轨道工程》,涵盖了城市地下空间工程专业的主要专业核心课程。该套教材的编写原则是"厚基础、重能力、求创新,以培养应用型人才为主",体现出"重应用"及"加强创新能力和工程素质培养"的特色,充分考虑知识体系的完整性、准确性、正确性和适用性,强调结合新规范,增大例题、图解等内容的比例,做到通俗易懂,图文并茂。

　　为方便教师的教学和学生的自学,本套教材配有多媒体教学课件,课件中除教学内容外,还有施工现场录像、图片、动画等内容,以增加学生的感性认识。

　　反映城市地下空间工程领域的最新研究成果、最新的标准或规范,体现教材的系统性、完整性和应用性,是本套教材力求达到的目标。在各高校及所有编审人员的共同努力下,城市地下空间工程专业系列规划教材的出版,必将为我国高等学校城市地下工程专业建设起到重要的促进作用。

高等学校城市地下空间工程专业规划教材编审委员会

人民交通出版社股份有限公司

# 前　言

　　本书是高等学校城市地下空间工程专业规划教材之一,依据高等学校城市地下空间工程专业应用型人才培养方案编写。

　　岩土工程勘察是一门实践性很强的专业课程,本书系统地介绍了岩土工程勘察的基本理论和基本方法。全书10章内容,包括:绪论,岩土工程勘察等级及岩土分类,不良地质作用与特殊性岩土,工程地质测绘与调查,勘探与取样,岩土工程原位测试,室内试验,地下水,现场检验与监测、岩土工程分析评价与成果报告等。教材以实用性为主,各章内容相对独立,便于各地区根据各自教学要求和教学特色选定内容,突出重点。

　　本书以《岩土工程勘察规范》(GB 50021—2001)为依据,在编写过程中紧紧围绕现行各行业工程勘察系列规范、标准的相关内容和要求进行,更加注重实用性,目的是为了达到应用型人才的培养要求,使学生通过本书的学习,掌握岩土工程勘察的基本内容和基本方法,真正具备查阅专业规范、理解规范、正确使用规范的能力,初步具备从事岩土工程勘察、设计、分析、评价与应用工作的能力。同时,为帮助读者更好地理解和掌握各部分的主要内容,每章后附有思考题。

　　本书由宁宝宽、于丹、刘振平担任主编,解磊担任副主编。具体编写分工为:宁宝宽编写第一、二、三(第五节)、四章,于丹编写第六、七、八章,刘振平编写第三、五、九章,解磊编写第十章。

　　本书的编写得到了人民交通出版社股份有限公司、高等学校城市地下空间工程专业规划教材编委会委员和参编教师的大力支持和帮助,在此表示感谢。

　　由于编者水平有限,书中缺点和错误在所难免,敬请专家和广大读者批评指正。

编　者

2017 年 7 月

# 目　　录

# 第一章 绪 论

## 第一节 岩土工程勘察概述

### 一、岩土工程勘察概述

岩土工程(geotechnical engineering)是20世纪60年代欧美发达国家在土木工程实践中建立并发展起来的一种新的技术体系。它主要以工程地质学、土力学、岩体力学和基础工程为理论基础,解决工程建设中出现的与岩土体有关的工程技术问题,是一门地质与工程紧密结合的学科。岩土工程是土木工程、地质、力学和材料学等多学科相互渗透、相互融合而形成的边缘学科。它包括岩土工程勘察、岩土工程设计、岩土工程施工以及岩土工程监测4个方面的内容。20世纪80年代开始传入我国,近年来,由于我国基础设施建设的快速发展,岩土工程技术取得了长足进步。

岩土工程勘察(geotechnical investigation)作为岩土工程学科的重要组成部分,其定义为:根据建设工程的要求,查明、分析、评价建设场地的地质、环境特征和岩土工程条件,编制勘察文件的活动。即岩土工程勘察是根据建设工程要求,运用各种勘察技术手段和方法,为查明建设场地的地质、环境特征和岩土工程条件而进行的调查研究工作。在此基础上,按现行国家及行业的相关技术标准、规范和规程以及岩土工程相关理论,去分析和评价建设场地的岩土工程条件,解决存在的岩土工程问题,编制并提交用于工程设计和施工的各种岩土工程勘察技术文件。

### 二、岩土工程勘察的目的和任务

1. 岩土工程勘察的目的

岩土工程勘察的主要目的是查明场地工程地质条件,给出详细的岩土工程资料和设计、施工所需的岩土参数;对建设场地做出岩土工程评价,并对地基类型、基础形式、地基处理和不良地质作用的防治提出建议。

2. 岩土工程勘察的任务

岩土工程勘察是一项综合性地质调查,它的基本任务是按照建筑物或构筑物不同勘察阶段的要求,为工程的设计、施工,工程治理、降水、开挖以及支护等提供地质资料和必要的技术参数,对有关的岩土工程问题做出评价和建议。其具体任务如下:

(1)查明不良地质作用的类型、成因、分布范围、发展趋势和危害程度,提出整治方案的建议,并评价场地稳定性和适宜性。

(2)查明建筑范围内岩土层的类型、深度、分布、工程特性,分析和评价地基的稳定性、均

匀性和承载力。

（3）查明埋藏的河道、沟浜、防空洞等对工程不利的埋藏物。

（4）查明地下水类型、埋藏条件，提供地下水位及其变化幅度；判定水和土对建筑材料的腐蚀性。

（5）提出勘察场地的抗震设防烈度，划分场地类别，划分对抗震有利、不利或危险的地段，提供抗震设计的有关参数。

（6）对地基基础方案进行分析和论证，提出经济合理的方案建议。

（7）查明与基坑开挖有关的场地条件、土质条件和工程条件，进行基坑边坡稳定性分析，提出处理方式和支护结构选型的建议。

（8）对施工和使用过程中监测检验方案提出建议。

# 第二节　我国岩土工程勘察的现状及发展趋势

## 一、我国岩土工程勘察的现状

岩土工程在国际上始于 20 世纪 60 年代，形成于 70 年代，我国是在 20 世纪 80 年代引进并逐步发展建立起来的。在政府的引导下，岩土工程专业体制在我国已基本确立，主要体现在以下几个方面：

（1）执业范围从单纯勘察变为岩土工程勘察、设计、施工、检测和监测全过程。

（2）岩土工程勘察成果加深了针对工程的分析评价力度，量化地提出工程设计方案或工程处理方案及具体建议。

（3）以《岩土工程勘察规范》（GB 50021—1994）为代表的一批更加符合岩土工程要求及工作规律的国家标准、行业标准和地方标准相继出台，适合了体制的要求和国家基础设施建设的需要，近年来该规范又进行了第二次较大规模的修订，现行《岩土工程勘察规范》（GB 50021—2001）（2009 年版）更加严谨，并尽量与国际标准接轨，与国内其他相关标准更加协调。

（4）注册岩土工程师制度逐步建立。2002 年在全国范围内举行了第一次土木工程师（岩土）的执业资格考试，2009 年 9 月 1 日统一实施注册土木工程师（岩土）执业制度。实行注册岩土工程师制度后，只有注册工程师签字的文件才能生效，这样将会大大加强注册工程师的荣誉感和责任心。

（5）高等教育专业设置目录进行了调整，扩大了专业覆盖面，岩土工程专业本科、硕士和博士等各层次专业人才资源更加充足，出现了一批高水平的研究成果、高素质的青年学者和专家群体。

## 二、我国岩土工程勘察发展趋势

随着我国工程建设的飞速发展和城市化进程的稳步推进，为了满足新的可持续发展的社会需求，在新的理论研究成果、新的分析方法和测试技术的推动下，岩土工程勘察设计单位将逐步完成向科技型企业的转变,我国的岩土工程勘察行业将获得更广的发展空间和达到更大的技术深度,从被动的、静止的、局部的工作对象和方法更多地转向主动的、动态的环境体系和分析系统。

近年来,经典的岩土力学面临着严重的挑战,这种挑战主要来自以下方面:

(1)大规模城市建设面临的地基、基础与深开挖支护问题,城市改造工程问题;

(2)填海工程及海洋工程带来的软土工程问题,各类特殊土带来的工程问题;

(3)大规模的交通工程建设即跨江、跨海的桥梁、隧道工程带来的问题,水利工程问题;

(4)能源工业问题,包括污染、废料尾矿坝及有害废料处理问题;

(5)超重型结构所带来的地基处理和桩基础设计、施工与评价问题;

(6)原子能电站等重大工程的抗震分析与地基抗震问题;

(7)各类地质灾害的评价与防治问题,等等。

岩土工程勘察作为一门应用科学和技术,在自身的发展中正经历着一个重要的阶段,并面临着新的挑战和机遇。

随着工程地质岩土力学和土木工程等学科的相互渗透和衔接,岩土工程体制的形成使岩土工程勘察在资源、能源开发、交通、城乡建设、农田水利、国土整治及国防建设等领域发挥更重要的作用,显示出勃勃生机,同时推动着勘察技术向高精深方向发展。展望未来,岩土工程的发展趋势主要体现在以下几个方面:

(1)由单纯的"工程地质勘察"向"岩土工程"发展并日趋完善。

(2)向一切以人类生存的地球表面环境中的大地岩土和与其密不可分、相互影响的地表水、地下水和大气等环境物质为系统工作目标的工程领域开拓。

(3)形成了专业分工趋势:①工程咨询和工程顾问,主要负责工程计划、项目负责、工程试验分析计算和工程监测工作;②野外钻探,可进行探查孔、钻井、灌浆钻孔、锚杆钻孔、海洋钻探以及水平钻孔、定向钻孔等等;③岩土工程施工,可进行各类桩基及地基改良工法的施工。

(4)城市人口的急剧膨胀促使城市空间向地下拓展,推动城市岩土工程迅速发展。

### 三、岩土工程勘察的技术准则

#### 1. 基本概念

(1)场地(site)。它是指工程建设所直接占有并直接使用的有限面积的土地。

(2)地基(foundation soils, sub-grade)。它是支撑地基土体和岩体即受结构物影响的那一部分地层。

(3)基础(foundation footing)。它是结构物向地基传递荷载的下部结构,其具有承上启下的作用。

(4)工程地质条件(engineering geological conditions)。它是指工程建筑物所在地区地层的岩性、地质构造、水文地质条件、地表地质作用及地貌等地质环境各项因素的综合。

(5)岩土工程问题(geotechnical engineering problems)。它是指工程建筑物与岩体之间存在的矛盾或问题。

(6)不良地质作用(adverse geologic actions)。它是指地球内力或外力产生的对工程可能

造成危害的地质作用。

（7）岩土工程勘察（geotechnical investigation）。它是指根据建设工程的要求，查明、分析、评价建设场地的地质、环境特征和岩土工程条件，编制勘察文件的活动。

2. 岩土工程勘察技术准则

岩土工程勘察是工程建设的一个重要环节。勘察结果是项目决策、设计和施工的重要依据，直接关系到工程建设的经济效益、环境效益和社会效益。在进行工程勘察工作时，应掌握以下基本技术准则：

（1）在理论、方法和经验上，要充分做到工程地质、土力学和岩土力学相结合，定性与定量相结合。

（2）在工程实践上，必须做到勘察和设计、施工密切配合协作，力求技术可靠与经济合理相统一，岩土条件与建设要求相统一。

（3）将岩土体（包括岩土层及由其组成的场地与地基）既看成是地质体，又要看成是力学介质体，同时还要将其看作是工程的实体。

（4）采用各项岩土参数时，应注意岩土材料的非均匀性与各向异性，参数与原型岩土体性状之间的差异及其随工程环境不同而可能产生的变异。测定岩土性质时宜通过不同的试验手段进行综合验证。

（5）工程勘察宜以实际观测的数据和岩土体性状为依据，并以原型观测、实体试验及原位测试作为对类似的工程进行分析论证的依据，但应考虑不同的工程类型在设计、施工方面的差异，对重点工程宜进行室内试验或现场模型试验。

（6）在岩土工程稳定性计算中，宜对两种以上的可能方案进行对比分析，通常取其安全系数最小的一种方案作为安全控制。为避免保守，可与当地的实际工程经验对照，进行必要的修正。

在岩土勘察中，应执行相关标准和规范或规程，在对工程项目不断创新的前提下，提高现有准则与要求。

# 第三节　本课程的内容和学习要求

"岩土工程勘察"作为工程地质、土木工程（岩土工程、道路桥梁与渡河工程、城市地下空间工程）等专业的一门专业课程，其宗旨是为了使该类专业的学生掌握岩土工程勘察的基本原理和方法，能对实验数据进行整理和分析并对岩土体做出科学合理的评价，合理选用测试与检测手段，为岩土工程的设计和施工提供理论和技术依据，为学生在毕业后尽快胜任岩土工程勘察工作打下坚实的基础。

## 一、课程的内容

本教材首先介绍了岩土工程勘察的基本要求、工程岩土体的分类；其次讨论了工程地质测绘和调查、勘探与取样、原位测试、地下水、现场检测与监测等各种勘察技术和方法的基本原理和方法、适用条件、工作内容、技术要求及成果应用；最后，讨论了岩土工程勘察报告的基本内容和具体要求以及报告书的整理分析、阅读和使用等。

**二、课程教学的基本要求**

"岩土工程勘察"是一门应用性学科,具有涉及面广、实践性强、发展迅速等特点。在学习过程中应力求做到以下几点:

(1)要把理论和实践结合起来,实现原则性和灵活性的统一。要建立正确的勘察思想,强调勘察工作必须在保证建筑物安全和稳定的前提下,做到经济合理、技术可行。

(2)加强对岩土工程勘察基本问题的认识。岩土工程勘察的首要任务就是查明建筑场地的工程地质条件,理解工程地质条件的内涵,对各类建筑的岩土工程问题有一个全面的认识。

(3)不同勘察阶段对岩土工程问题的要求程度不同,因而对工程地质条件探查的详细程度也不同,对勘察的范围布置也不同,故应根据工程要求制订勘察计划。要善于综合运用各种勘察手段,及时而有步骤地取得准确资料和符合质量要求的成果。

(4)加强自学,独立思考。随着经济建设的发展,建筑类型越来越多,各种新的建筑类型对勘察的要求也各不相同,需要学生掌握勘察的基本原理,针对各类建筑,学习相关勘察知识,多阅读相关书籍、专业杂志,结合工程案例,不断探索、创新,为今后从事相关工作打下良好基础。

**思考题**

1.何为岩土工程?何为岩土工程勘察?

2.如何理解工程地质条件、不良地质作用等概念?

3.岩土工程勘察的目的和任务有哪些?

4.岩土工程勘察的技术准则是什么?

# 第二章 岩土工程勘察等级及岩土分类

## 第一节 岩土工程勘察的分级

不同场地的工程地质条件不同,不同规模和结构特点的建(构)筑物等对工程地质条件的要求也不尽相同,因此,岩土工程勘察所采用的手段、方法、所投入的勘察工作量的大小也不可能相同。显然,工程规模较大或较重要、场地地质条件以及岩土体分布和性状较复杂者,所投入的勘察工作量就较大,反之则较小。

岩土工程勘察等级划分对确定勘察工作内容、选择勘察方法及确定勘察工作量投入等具有重要指导意义。按《岩土工程勘察规范》(GB 50021—2001)(以下简称《规范》)规定,岩土工程勘察的等级,是由工程安全等级、场地复杂程度和地基复杂程度3项因素决定的。下面先分别论述3项因素等级划分的依据及具体规定,然后,在此基础上进行综合分析,以确定岩土工程勘察的等级划分。

### 一、工程安全等级

工程的安全等级,是根据由于工程岩土体或结构失稳破坏,导致建筑物破坏而造成生命财产损失、社会影响及修复可能性等后果的严重性来划分的。根据国家标准《建筑结构可靠度设计统一标准》(GBJ 50068—2001)的规定,将工程结构划分为3个安全等级,如表2-1所示。

**工程结构安全等级** 表2-1

| 安全等级 | 破坏后果 | 工程类型 | 安全等级 | 破坏后果 | 工程类型 |
|---|---|---|---|---|---|
| 一级 | 很严重 | 重要工程 | 三级 | 不严重 | 次要工程 |
| 二级 | 严重 | 一般工程 | | | |

对于不同类型的工程来说,应根据工程的规模和重要性具体划分。目前房屋建筑与构筑物的安全等级,已在国家标准《建筑地基基础设计规范》(GB 50007—2011)中明确规定(表2-2)。此外,各产业部门和地方根据本部门(地方)建筑物的特殊要求和经验,在颁布的有关技术规范中也划分了适用于本部门(地方)的工程安全等级,一般均划分为3个等级。

**地基基础设计安全等级** 表2-2

| 安全等级 | 建 筑 和 地 基 类 型 |
|---|---|
| 甲级 | 重要的工业与民用建筑物;30层以上的高层建筑;体型复杂,层数相差超过10层的高低层连成一体建筑物;大面积的多层地下建筑物(如地下车库、商场、运动场等);对地基变形有特殊要求的建筑物;复杂地质条件下的坡上建筑物(包括高边坡);对原有工程影响较大的新建建筑物;场地和地基条件复杂的一般建筑物位于复杂地质条件及软土地区的2层及2层以上地下室的基坑工程;开挖深度大于15m的基坑工程;周边环境条件复杂、环境保护要求高的基坑工程 |

续上表

| 安全等级 | 建筑和地基类型 |
|---|---|
| 乙级 | 除甲级、丙级以外的工业与民用建筑物;除甲级、丙级以外的基坑工程 |
| 丙级 | 场地和地基条件简单、荷载分布均匀的7层及7层以下民用建筑及一般工业建筑;次要的轻型建筑物;非软土地区且场地地质条件简单、基坑周边环境条件简单、环境保护要求不高且开挖深度小于5.0m的基坑工程 |

目前,地下洞室、深基坑开挖、大面积岩土处理等尚无工程安全等级的具体规定,可根据实际情况划分。大型沉井和沉箱、超长桩基和墩基、有精密设备和超高压设备等特殊要求的工程、有特殊要求的深基坑开挖和支护工程、大型竖井和平洞、大型基础托换和补强工程,以及其他难度大、破坏后果严重的工程,以列为一级安全等级为宜。

## 二、场地复杂程度等级

场地复杂程度是用建筑抗震稳定性、不良地质现象发育情况、地质环境破坏程度和地形地貌条件4个条件衡量的,也划分为3个等级,见表2-3。

场地复杂程度等级 表2-3

| 场地等级 | 一级 | 二级 | 三级 |
|---|---|---|---|
| 建筑抗震稳定性 | 危险 | 不利 | 有利(或地震设防烈度≤6度) |
| 不良地质现象发育情况 | 强烈发育 | 一般发育 | 不发育 |
| 地质环境破坏程度 | 已经或可能强烈破坏 | 已经或可能受到一般破坏 | 基本未受破坏 |
| 地形地貌条件 | 复杂 | 较复杂 | 简单 |

注:一、二级场地各条件中只要符合其中任一条件者即可。

### 1. 建筑抗震稳定性

按国家标准《建筑抗震设计规范》(GB 50011—2010)规定,选择建筑场地时,对建筑抗震稳定性地段的划分规定为:

(1)危险地段。地震时可能发生滑坡、崩塌、地陷、地裂、泥石流及发震断裂带上可能发生地表错位的部位。

(2)不利地段。软弱土和液化土,条状突出的山嘴,高耸孤立的山丘,非岩质的陡坡、河岸和斜坡边缘,平面分布上成因、岩性和性状明显不均匀的土层(如古河道、断层破碎带、暗埋的塘浜沟谷及半填半挖地基)等。

(3)有利地段。岩石和坚硬土或开阔平坦、密实均匀的中硬土等。上述规定中,场地土的类型按表2-4划分。

场地土的类型划分 表2-4

| 场地土类型 | 土层剪切波速(m/s) | 岩土名称和性状 |
|---|---|---|
| 岩石 | $v_s > 800$ | 坚硬、较硬且完整的岩石 |
| 坚硬土或软质岩石 | $500 < v_s \leq 800$ | 破碎、较破碎的岩石或较软的岩石,密实的碎石土 |
| 中硬土 | $250 < v_s \leq 500$ | 中密、稍密的碎石土,密实、中密的砾、粗、中砂,$f_{ak} > 150$kPa的黏性土和粉土,坚硬黄土 |

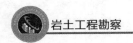 

续上表

| 场地土类型 | 土层剪切波速(m/s) | 岩 土 名 称 和 性 状 |
|---|---|---|
| 中软土 | $150 < v_s \leqslant 250$ | 稍密的砾、粗、中砂,除松散外的细、粉砂,$f_{ak} \leqslant 150\text{kPa}$ 的黏性土和粉土,$f_{ak} > 130\text{kPa}$ 的填土,可塑性黄土 |
| 软弱土 | $v_s \leqslant 150$ | 淤泥和淤泥质土,松散的砂,新近代沉积的黏性土和粉土,$f_{ak} \leqslant 130\text{kPa}$ 的填土,流塑黄土 |

注:$v_s$ 为岩土剪切波速;$f_{ak}$ 为由荷载试验等方法得到的地基承载力特征值(kPa)。

### 2.不良地质现象发育情况

不良地质现象泛指由地球外动力作用引起的,对工程建设不利的各种地质现象。它们分布于场地内及其附近地段,主要影响场地稳定性,也对地基基础、边坡和地下洞室等具体的岩土工程有不利影响。"强烈发育"是指由于不良地质现象发育导致建筑场地极不稳定,直接威胁工程设施的安全。例如,山区崩塌、滑坡和泥石流的发生,会酿成地质灾害,破坏甚至整个摧毁工程建筑物。岩溶地区溶洞和土洞的存在,所造成的地面变形甚至塌陷,对工程设施的安全也会构成直接威胁。"一般发育"是指虽有不良地质现象分布,但并不十分强烈,对工程设施安全的影响不严重;或者说对工程安全可能有潜在的威胁。

### 3.地质环境破坏程度

由于人类工程—经济活动导致地质环境的干扰破坏,是多种多样的。例如,采掘固体矿产资源引起的地下采空;抽汲地下液体(地下水、石油)引起的地面沉降、地面塌陷和地裂缝;修建水库引起的边岸再造、浸没、土壤沼泽化;排除废液引起岩土的化学污染;等等。地质环境破坏对岩土工程实践的负影响是不容忽视的,往往对场地稳定性构成威胁。地质环境的"强烈破坏",是指由于地质环境的破坏,已对工程安全构成直接威胁,如矿山浅层采空导致明显的地面变形、横跨地裂缝等。"一般破坏"是指已有或将有地质环境的干扰破坏,但并不强烈,对工程安全的影响不严重。

### 4.地形地貌条件

地形地貌条件主要指的是地形起伏和地貌单元(尤其是微地貌单元)的变化情况。一般来说,山区和丘陵区场地地形起伏大,工程布局较困难,挖填土石方量较大,土层分布较薄且下伏基岩面高低不平。地貌单元分布较复杂,一个建筑场地可能跨越多个地貌单元,因此地形地貌条件复杂或较复杂。平原场地地形平坦,地貌单元均一,土层厚度大且结构简单,因此地形地貌条件简单。

## 三、地基复杂程度等级

地基复杂程度也划分为 3 个等级,见表2-5。

**地基复杂程度等级划分标准**      表2-5

| 地 基 等 级 | 地 基 条 件 |
|---|---|
| 一级地基 | 1.岩土种类多,性质变化大,地下水对工程影响大,且需特殊处理;<br>2.多年冻土及湿陷、膨胀、盐渍、污染严重的特殊性岩土,对工程影响大,需做专门处理;变化复杂,同一场地上存在多种或强烈程度不同的特殊性岩土 |

续上表

| 地基等级 | 地基条件 |
|---|---|
| 二级地基 | 1.岩土种类较多,性质变化较大,地下水对工程有不利影响;<br>2.除上述规定之外的特殊性岩土 |
| 三级地基 | 1.岩土种类单一,性质变化不大,地下水对工程无影响;<br>2.无特殊性岩土 |

## 四、岩土工程勘察等级

综合上述3项因素的分级,即可划分岩土工程勘察的等级,如表2-6所示。

岩土工程勘察等级的划分 表2-6

| 勘察等级 | 确定勘察等级的因素 | | |
|---|---|---|---|
| | 工程安全等级 | 场地等级 | 地基等级 |
| 甲级 | 一级 | 任意 | 任意 |
| | 二级 | 一级 | 任意 |
| | | 任意 | 一级 |
| 乙级 | 二级 | 二级 | 二级或三级 |
| | | 三级 | 二级 |
| | 三级 | 一级 | 任意 |
| | | 任意 | 一级 |
| | | 二级 | 二级 |
| 丙级 | 二级 | 三级 | 三级 |
| | 三级 | 二级 | 三级 |
| | | 三级 | 二级或三级 |

## 五、岩土工程勘察阶段

我国建设工程项目设计一般分为可行性研究、初步设计和施工图设计3个阶段。为了提供各阶段所需的工程地质资料,勘察工作一般也相应划分为选址勘察、初步勘察和详细勘察3个固定阶段。此外,对于某些特殊工程还需要增加部分施工勘察工作。由于勘察对象的不同,勘察阶段的划分和所采用的规范也不相同,表2-7给出了不同勘察对象的勘察阶段划分。

勘察阶段的划分 表2-7

| 勘察对象 | 勘察阶段 | | | | 采用的规范 |
|---|---|---|---|---|---|
| 房屋建筑和构筑物 | 可行性研究勘察 | 初步勘察 | 详细勘察 | 施工勘察<br>(不固定阶段) | 《岩土工程勘察规范》(GB 50021—2001) |
| 地下洞室 | 可行性研究勘察 | 初步勘察 | 详细勘察 | 施工勘察 | |
| 岸边工程 | 可行性研究勘察 | 初步设计阶段勘察 | 施工图设计阶段勘察 | — | |
| 管道工程 | 选线勘察 | 初步勘察 | 详细勘察 | — | |

| 勘察对象 | | 勘 察 阶 段 | | | | 采用的规范 |
|---|---|---|---|---|---|---|
| 架空线路工程 | — | | 初步勘察 | 施工图设计勘察 | — | 《岩土工程勘察规范》（GB 50021—2001） |
| 废弃物处理工程 | 可行性研究勘察 | | 初步勘察 | 详细勘察 | — | |
| 核电站 | 初步可行性研究勘察 | 可行性研究勘察 | 初步设计勘察 | 施工图设计勘察 | 工程建造勘察 | |
| 边坡 | — | | 初步勘察 | 详细勘察 | 施工勘察 | |
| 公路 | 可行性研究勘察 | | 初步工程地质勘察 | 详细工程地质勘察 | — | 《公路工程地质勘察规范》（JTG C20—2011） |
| | 预可勘察 | 工可勘察 | | | | |
| 铁路 | 踏勘 | 加深地质工作 | 初测 | 定测 | 补充定测 | 《铁路工程地质勘察规范》（TB 10012—2007） |
| 水利、水电 | 规划阶段工程地质勘察 | 可行性研究阶段工程地质勘察 | 初步设计阶段工程地质勘察 | 设计阶段工程地质勘察 | | 《水力发电工程地质勘察规范》（GB 50287—2016） |
| 港口 | 可行性研究勘察 | | 初步设计阶段勘察 | 施工图设计阶段勘察 | 施工期中的勘察 | 《水运工程岩土勘察规范》（JTS C33—2013） |

勘察对象处于不同勘察阶段,其勘察目的、要求和工作内容不同。以房屋建筑类勘察阶段为例,各勘察阶段的任务和工作内容简述如下:

1. 可行性研究勘察阶段

可行性研究勘察也可称选址勘察,对于大型工程是非常重要的环节,其目的在于从总体上判定拟建场地的工程地质条件是否适宜工程建设项目。

(1)收集场址所在地区的区域地质、地形地貌、地震、矿产和附近地区的工程资料及建筑经验。

(2)在收集和分析已有资料的基础上,进行现场调查,了解场地的地层结构、岩土类型及性质、地下水及不良地质现象等工程地质条件。

(3)对工程地质条件复杂,已有资料不符合要求的,可根据具体情况,进行工程地质测绘及必要的勘探工作。

(4)当有两个或两个以上拟选场地时,应进行比较分析。

选择场址时,应进行技术经济分析,一般情况下宜避开下列工程地质条件恶劣的地区或地段:不良地质现象发育且对建筑物构成直接危害或潜在威胁的场地,设计地震烈度为8度或9度的发震断裂带,受洪水威胁或地下水的不利影响严重的场地,在可开采的地下矿床或矿区的不稳定采空区上的场地。

2. 初步勘察

初步勘察的目的是对场地内建筑地段稳定性的岩土工程评价,为确定建筑物总平面布置、主要建筑物地基基础方案、对不良地质现象的防治工程方案进行论证。

(1)收集拟建工程的有关文件、工程地质、岩土工程资料以及工程场地范围的地形图。

（2）初步查明地质构造、地层结构、岩土工程特性、地下水埋藏条件。

（3）查明场地不良地质作用的成因、分布、规模、发展趋势,并对场地稳定性做出评价。

（4）对抗震设计烈度大于或等于6度的场地,应对场地和地基的地震效应做出初步评价。

（5）季节性冻土区,应调查场地土的标准冻结深度。

（6）初步判定地下水和土对建筑材料的腐蚀性。

（7）高层建筑初步勘察时,应对可能采取的地基基础类型、基坑开挖和支护、工程降水方案进行初步评价。

**3. 详细勘察**

详细勘察是为施工图设计提供资料的,其目的是提出设计所需的工程地质条件的各项技术参数,对建筑地基做出岩土工程评价,为地基基础设计、地基处理与加固、不良地质现象的防治工程等具体方案做出论证。

（1）收集附有坐标和地形的建筑总平面图,场区的地面整平标高,建筑物的性质、规模、荷载、结构特点,基础形式、埋置深度、地基允许变形等资料。

（2）查明不良地质作用类型、成因、分布范围、发展趋势和危险程度,提出整治方案的建议。

（3）查明建筑范围内岩土层类型、深度、分布、工程特性,分析和评价地基的稳定性、均匀性和承载力。

（4）对需要进行沉降计算的建筑物,提供地基变形计算参数,预测建筑物的变形特征。

（5）查明埋藏的河道、沟浜、墓穴、防空洞、孤石等对工程不利的埋藏物。

（6）查明地下水埋藏条件,提供地下水位及其变化幅度。

（7）在季节性冻土地区,提供场地土的标准冻结深度。

（8）判定水对建筑材料的腐蚀性。

**4. 施工勘察**

施工勘察不作为一个固定阶段,视工程的实际需要而定,对条件复杂或有特殊施工要求的重大工程地基,需进行施工勘察。施工阶段勘察的目的和任务就是配合设计、施工单位进行勘察,解决与施工有关的岩土工程问题,并提出相应的勘察资料。当遇到下列情况之一时,需进行施工勘察:

（1）基坑或基槽开挖后,岩土条件与原勘察资料不符。

（2）深基础施工设计及施工中需进行有关地基监测工作。

（3）地基处理、加固需进行检验工作。

（4）地基中溶洞或土洞较发育,需进一步查明及处理。

（5）在工程施工或使用期间,当边坡体、地下水等发生而未估计到的变化时,应进行检测,并对施工和环境的影响进行分析评价

# 第二节　岩土的分类和鉴定

岩土在土木、采矿、水利等工程中有不同的用途,对其进行分类时要综合考虑各个学科领域和侧重点的不同。如:建筑工程侧重于岩石的风化程度及强度,地下工程侧重考虑围岩地压

问题,水利水电侧重于水的影响。因此,为了便于各个领域的使用,出现了不同的分类标准。主要有:工程岩体分级标准、各种建(构)筑物及水利水电等分类标准。以下分别加以介绍。

**一、《工程岩体分级标准》(GB/T 50218—2014)的岩体分级**

岩体基本质量应由岩石坚硬程度和岩体完整程度两个因素确定。应采用定性划分和定量指标两种方法确定。

1. 定性划分

(1)根据岩石坚硬程度的定性划分,按表2-8确定。

岩石坚硬程度的定性划分 表2-8

| 坚 硬 程 度 | | 定 性 鉴 定 | 代 表 性 岩 石 |
|---|---|---|---|
| 硬质岩 | 坚硬岩 | 锤击声清脆,有回弹,震手,难击碎;<br>浸水后,大多无吸水反应 | 未风化~微风化的:花岗岩、正长岩、闪长岩、辉绿岩、玄武岩、安山岩、片麻岩、硅质板岩、石英岩、硅质胶结的砾岩、石英砂岩、硅质石灰岩等 |
| 硬质岩 | 较坚硬岩 | 锤击声较清脆,有轻微回弹,稍震手,较难击碎;<br>浸水后,有轻微吸水反应 | 1. 中等(弱)风化的坚硬岩;<br>2. 未风化—微风化的:熔结凝灰岩、大理岩、板岩、白云岩、石灰岩、钙质砂岩、粗晶大理岩等 |
| 软质岩 | 较软岩 | 锤击声不清脆,无回弹,较易击碎;<br>浸水后,指甲可刻出印痕 | 1. 强风化的坚硬岩;<br>2. 中等(弱)风化的较坚硬岩;<br>3. 未风化—微风化的:凝灰岩、千枚岩、砂质泥岩、泥灰岩、泥质砂岩、粉砂岩、砂质页岩等 |
| 软质岩 | 软岩 | 锤击声哑,无回弹,有凹痕,易击碎;<br>浸水后,手可掰开 | 1. 强风化的坚硬岩;<br>2. 中等(弱)风化—强风化的较坚硬岩;<br>3. 中等(弱)风化的较软岩;<br>4. 未风化的泥岩、泥质页岩、绿泥石片岩、绢云母片岩等 |
| 软质岩 | 极软岩 | 锤击声哑,无回弹,有较深凹痕,手可捏碎;<br>浸水后,可捏成团 | 1. 全风化的各种岩石;<br>2. 强风化的软岩;<br>3. 各种半成岩 |

(2)岩体完整程度的定性划分按表2-9确定。

岩体完整程度的定性划分 表2-9

| 完 整 程 度 | 结构面发育程度 | | 主要结构面的结合程度 | 主要结构面类型 | 相应结构类型 |
|---|---|---|---|---|---|
| | 组数 | 平均间距(m) | | | |
| 完整 | 1~2 | >1.0 | 结合好或结合一般 | 节理、裂隙、层面 | 整体状或巨厚层状结构 |
| 较完整 | 1~2 | >1.0 | 结合差 | 节理、裂隙、层面 | 块状或厚层状结构 |
| 较完整 | 2~3 | 1.0~0.4 | 结合好或结合一般 | 节理、裂隙、层面 | 块状结构 |
| 较破碎 | 2~3 | 1.0~0.4 | 结合差 | 节理、裂隙、劈理、层面、小断层 | 裂隙块状或中厚层状结构 |
| 较破碎 | 3 | 0.4~0.2 | 结合好 | 节理、裂隙、劈理、层面、小断层 | 镶嵌碎裂结构 |
| 较破碎 | | | 结合一般 | | 薄层状结构 |

| 完整程度 | 结构面发育程度 | | 主要结构面的结合程度 | 主要结构面类型 | 相应结构类型 |
| --- | --- | --- | --- | --- | --- |
| | 组数 | 平均间距（m） | | | |
| 破碎 | 3 | 0.4～0.2 | 结合差 | 各种类型结构面 | 裂隙块状结构 |
| | | 0.2 | 结合一般或结合差 | | 破碎结构 |
| 极破碎 | 无序 | | 结合很差 | | 散状体结构 |

注：平均间距指主要结构面间距的平均值。

**2. 定量指标**

岩石坚硬程度的定量指标，采用岩石饱和单轴抗压强度 $R_C$。一般 $R_C$ 采用实测值。当无条件取得实测值时，也可采用实测的岩石点荷载强度指数 $I_{s(50)}$ 的换算值，并按下式换算：

$$R_C = 22.82I_{s(50)}^{0.75} \tag{2-1}$$

式中：$R_C$——岩石饱和单轴抗压强度，MPa。

岩体完整程度的定量指标，采用岩体完整性指数，也采用实测值。当无条件取得实测值时，也可用岩体体积节理数 $J_V$，并按表 2-10 确定对应的 $K_V$ 值。

**$J_V$ 与 $K_V$ 的对应关系** 表 2-10

| $J_V$（条/m³） | <3 | 3～10 | 10～20 | 20～35 | 35 |
| --- | --- | --- | --- | --- | --- |
| $K_V$ | >0.75 | 0.75～0.55 | 0.55～0.35 | 0.35～0.15 | 0.15 |

岩石饱和单轴抗压强度 $R_C$ 与岩石坚硬程度的对应关系，可按表 2-11 确定。

**$R_C$ 与岩石坚硬程度的对应关系** 表 2-11

| $R_C$（MPa） | >60 | 60～30 | 30～15 | 15～5 | 5 |
| --- | --- | --- | --- | --- | --- |
| 坚硬程度 | 硬质岩 | | 软质岩 | | |
| | 坚硬岩 | 较坚硬岩 | 较软岩 | 软岩 | 极软岩 |

岩体完整性指数 $K_V$ 与岩体完整程度的对应关系，可按表 2-12 确定。

**$K_V$ 与岩体完整程度的对应关系** 表 2-12

| $K_V$ | >0.75 | 0.75～0.55 | 0.75～0.35 | 0.35～0.15 | 0.15 |
| --- | --- | --- | --- | --- | --- |
| 完整程度 | 完整 | 较完整 | 较破碎 | 破碎 | 极破碎 |

定量指标 $R_C$、$I_{s(50)}$、$K_V$、$J_V$ 的测试应符合《工程岩体分级标准》（GB/T 50218—2014）的规定。

**3. 工程岩体基本质量分级**

（1）岩体基本质量分级，是根据岩体基本质量的定性特征和岩体基本质量指标 $BQ$ 两者相结合，按表 2-13 确定。

当根据基本质量定性特征和岩体基本质量指标 $BQ$ 确定的级别不一致时，可通过对定性划分和定量指标的综合分析，确定岩体基本质量级别。当两者的基本级别划分相差达一级及以上时，应进一步补充测试；各基本质量级别岩体的物理力学参数、结构面抗剪断峰值强度参数，按标准确定。

岩体基本质量分级          表 2-13

| 岩体基本质量级别 | 岩体基本质量的定性特征 | 岩体基本质量指标($BQ$) |
|---|---|---|
| I | 坚硬岩,岩体完整 | >550 |
| II | 坚硬岩,岩体较完整;<br>较坚硬岩,岩体完整 | 550～451 |
| III | 坚硬岩,岩体较破碎;<br>较坚硬岩,岩体较完整;<br>较软岩,岩体完整 | 450～351 |
| IV | 坚硬岩,岩体破碎;<br>较坚硬岩,岩体较破碎—破碎;<br>较软岩,岩体较完整—较破碎;<br>软岩,岩体完整—较完整 | 350～251 |
| V | 较软岩,岩体破碎;<br>软岩,岩体较破碎—破碎;<br>全部极软岩及全部极破碎岩 | 250 |

（2）基本质量的定性特征和基本质量指标

岩体基本质量指标的确定应符合下列规定：

岩体基本质量指标 $BQ$，根据分级因素的定量指标 $R_c$ 的数值和 $K_V$，按下式计算：

$$BQ = 100 + 3R_c + 250K_V \tag{2-2}$$

使用公式（2-2）计算时，应符合下列规定：

①当 $R_c > 90K_V + 30$ 时，应以 $R_c = 90K_V + 30$ 和 $K_V$ 代入计算 $BQ$ 值；

②当 $K_V > 0.04R_c + 0.4$ 时，应以 $K_V = 0.04R_c + 0.4$ 和 $R_c$ 代入计算 $BQ$ 值。

（3）工程岩体级别的确定

对工程岩体进行初步定级时，应按表 2-13 确定的岩体基本质量级别作为岩体级别；对工程岩体进行详细定级时，应在岩体基本质量分级的基础上，结合不同类型工程的特点，根据地下水状态、初始应力状态、工程轴线或工程走向线的方位与主要结构面产状的组合关系等修正因素，确定各类工程岩体质量指标。

地下工程岩体详细定级，当遇有下列情况之一时：有地下水；岩体稳定性受结构面影响，且有一组起控制作用；工程岩体存在由强度应力比所表征的初始应力状态。应对岩体基本质量指标 $BQ$ 进行修正，并以修正后获得的工程岩体质量指标值确定岩体级别。

**二、《岩土工程勘察规范》(GB 50021—2001) 的岩土分类**

1. 岩石的分类

（1）在进行岩土工程勘察时，应鉴定岩石的地质名称和风化程度、岩体完整程度，并进行岩石坚硬程度、岩体完整程度和岩体质量等级的划分；

（2）岩石坚硬程度、岩体基本质量等级的划分，见表 2-14、表 2-15 和表 2-16；

（3）岩土风化程度的划分可按表 2-17 执行。

**岩石坚硬程度分类**　　　　　　表 2-14

| 坚硬程度 | 坚硬 | 较坚硬 | 较软岩 | 软岩 | 极软岩 |
|---|---|---|---|---|---|
| 饱和单轴抗压强度(MPa) | $f_r > 60$ | $60 \geqslant f_r > 30$ | $30 \geqslant f_r > 15$ | $15 \geqslant f_r > 5$ | $f_r \leqslant 5$ |

注:1. 当无法取得饱和单轴抗压强度数据时,可用点荷载强度换算,换算方法按现行国家标准《工程岩体分级标准》
　　　(GB/T 50218—2014)执行。
　　2. 当岩体完整程度为极为破碎时,可不执行坚硬程度分类。

**岩石完整程度分类**　　　　　　表 2-15

| 完整程度 | 完整 | 较完整 | 较破碎 | 破碎 | 极破碎 |
|---|---|---|---|---|---|
| 完整性指数 | >0.75 | 0.75 ~ 0.55 | 0.55 ~ 0.35 | 0.35 ~ 0.15 | <0.15 |

注:完整性指数为岩体压缩波速度与岩块压缩波速度之比的平方,选定岩体和岩块测定波速时,应注意其代表性。

**岩体基本质量等级分类**　　　　　　表 2-16

| | 完整 | 较完整 | 较破碎 | 破碎 | 极破碎 |
|---|---|---|---|---|---|
| 坚硬岩 | Ⅰ | Ⅱ | Ⅲ | Ⅳ | Ⅴ |
| 较硬岩 | Ⅱ | Ⅲ | Ⅳ | Ⅳ | Ⅴ |
| 较软岩 | Ⅲ | Ⅳ | Ⅳ | Ⅴ | Ⅴ |
| 软岩 | Ⅳ | Ⅳ | Ⅴ | Ⅴ | Ⅴ |
| 极软岩 | Ⅴ | Ⅴ | Ⅴ | Ⅴ | Ⅴ |

**岩石风化程度分类**　　　　　　表 2-17

| 风化程度 | 野外特征 | 风化程度参数指标 波速比 $K_V$ | 风化程度参数指标 风化系数 $K_f$ |
|---|---|---|---|
| 未风化 | 岩质新鲜,偶见风化痕迹 | 0.9 ~ 1.0 | 0.9 ~ 1.0 |
| 微风化 | 结构基本未变,仅节理面有渲染或略微有变色,有少量风化裂隙 | 0.8 ~ 0.9 | 0.8 ~ 0.9 |
| 中等风化 | 结构部分破坏,沿节理面有次生矿物,风化裂隙发育,岩体破坏切割成岩块,用镐难挖,岩芯钻方可钻进 | 0.6 ~ 0.8 | 0.4 ~ 0.8 |
| 强风化 | 结构大部分破坏,矿物成分显著变化,风化裂隙发育,岩体破坏,用镐难挖,干钻不易钻进 | 0.4 ~ 0.6 | <0.4 |
| 全风化 | 结构基本破坏,但尚可辨认,有残余结构强度,可用镐难挖,干钻可钻进 | 0.2 ~ 0.4 | — |
| 残积土 | 组织结构已全部破坏,已风化成土状,锹镐易挖掘,干钻易钻进,具可塑性 | <0.2 | — |

注:1. 波速比 $K_V$ 为风化岩石与新鲜岩石压塑波速比之比。
　　2. 风化系数 $K_f$ 为风化岩石与新鲜岩石饱和单轴抗压强度之比。
　　3. 岩石风化程度,除按表列野外特征和定量指标划分外,也可根据地区经验划分。
　　4. 花岗类岩石,可采用贯入试验划分,$N \geqslant 50$ 为强风化,$50 > N \geqslant 30$ 为全风化,$N < 30$ 为残积土。
　　5. 泥岩和半成岩,可不进行风化程度划分。

　　(4)当软化系数小于或等于 0.75 时,应定为软化岩石;当岩石具有特殊成分、特殊结构或特殊性质时,应定为特殊性岩石,如易溶性岩石、膨胀性岩石、崩解性岩石、盐渍化岩石等。

　　(5)岩石的描述应包括地质年代、地质名称、风化程度、颜色、主要矿物、结构、构造和岩石质量指标 RQD。对沉积岩应着重描述沉积岩的颗粒大小、性状、胶结物成分和胶结程度;对岩浆岩和变质岩应着重描述矿物结晶大小和结晶程度。根据岩石的质量指标 RQD,可分为好的

（$RQD>90$）、较好的（$RQD=75\sim90$）、较差的（$RQD=50\sim75$）、差的（$RQD=25\sim75$）和极差的（$RQD<25$）。

（6）岩体的描述应包括结构面、结构体、岩层厚度和结构类型，并宜符合下列要求：

①结构面的描述包括类型、性质、产状、组合形式、发育程度、延展情况、闭合程度、粗糙程度、填充情况和填充物性质以及充水性质等。

②结构体的描述应包括类型、性状、大小和结构体在围岩中的受力情况等。

③岩层厚度分类可参考表 2-18 执行。

岩 层 厚 度 分 类　　　　　表 2-18

| 厚 度 分 类 | 单层厚度（m） | 厚 度 分 类 | 单层厚度（m） |
|---|---|---|---|
| 巨厚层 | $h>1.0$ | 中厚层 | $0.5\geq h>0.1$ |
| 厚层 | $1.0\geq h>0.5$ | 薄层 | $h\leq0.1$ |

（7）对岩体基本性质等级为Ⅳ级和Ⅴ的岩体，鉴定和描述除按以上的要求外，应符合下列规定：

①对于软岩和极软岩，应注意是否具有可软化性、膨胀性、崩解性等特殊性质；

②对于极破坏岩体，应说明破碎的原因，如断层、全风化等；

③开挖后是否有进一步风化的特征。

**2. 土的分类**

晚更新世 $Q_3$ 及其以前的沉积土，应定为老沉积土，如 $Q_1$、$Q_2$；第四纪全新世中近期沉积的土，应定为新近沉积土。根据地质成因，可划分为残积土、坡积土、冲积土、洪积土、冰积土和风积土等。

（1）粒径大于 2mm 的颗粒质量超过总质量的 50% 以上的土，应定名为碎石土，并按表 2-19进一步分类。

碎 石 土 分 类　　　　　表 2-19

| 土 的 分 类 | 颗 粒 形 状 | 颗 粒 级 配 |
|---|---|---|
| 漂石 | 圆形及亚圆形为主 | 粒径大于 200mm 的颗粒质量超过总质量的 50% |
| 块石 | 棱角形为主 | |
| 卵石 | 圆形及亚圆形为主 | 粒径大于 20mm 的颗粒质量超过总质量的 50% |
| 碎石 | 棱角形为主 | |
| 圆砾 | 圆形及亚圆形为主 | 粒径大于 2mm 的颗粒质量超过总质量的 50% |
| 角砾 | 棱角形为主 | |

注：定名时，应根据颗粒级配由大到小以最先符合者确定。

（2）粒径大于 2mm 的颗粒质量不超过总质量的 50%，粒径大于 0.075mm 的颗粒质量超过总质量的 50% 以上，应定名为砂土，并按表 2-20 进一步分类。

（3）粒径大于 0.075mm 的颗粒质量不超过总质量的 50%，且塑性指数小于或等于 10 的土，应定名为粉土。

（4）黏性土的塑性指数 $I_p$ 大于 10 的土，并按表 2-21 进行分类。

砂 土 分 类 表2-20

| 土 的 名 称 | 颗 粒 级 配 |
|---|---|
| 砾砂 | 粒径大于 2mm 的颗粒质量占总质量的 25% ~ 50% |
| 粗砂 | 粒径大于 0.5mm 的颗粒质量超过总质量的 50% |
| 中砂 | 粒径大于 0.25mm 的颗粒质量超过总质量的 50% |
| 细砂 | 粒径大于 0.075mm 的颗粒质量超过总质量的 85% |
| 粉砂 | 粒径大于 0.075mm 的颗粒质量超过总质量的 50% |

注:对于碎石土与砂土定名时,应根据颗粒级配由大到小以最先符合者确定。

黏 土 的 分 类 表2-21

| 塑性指数 $I_p$ | 土 的 名 称 | 塑性指数 $I_p$ | 土 的 名 称 |
|---|---|---|---|
| $I_p > 17$ | 黏土 | $10 < I_p \leq 17$ | 粉质黏土 |

注:1. 塑性指数应由相应于 76g 圆锥仪沉入土中深度 10mm 时测定的液限计算而得。
2. 粉土介于砂土与黏性土之间,指塑性指数 $I_p \leq 10$ 且粒径大于 0.075mm 的颗粒含量不超过全重的 50% 的土。

(5)土根据有机质含量分类,应按表 2-22 执行。

土根据有机质含量分类 表2-22

| 分类名称 | 有机质含量 $W_u$ （%） | 现 场 鉴 别 特 征 | 说 明 |
|---|---|---|---|
| 无机土 | $W_u < 5\%$ | | |
| 有机质土 | $5\% \leq W_u \leq 10\%$ | 深灰色,有光泽,味臭,除腐殖质外尚含少量未完全分解的动植物体,浸水后水面出现气泡,干燥后体积收缩 | 1. 如现场能鉴别或有地区经验时,可不做有机质含量测定; 2. 当 $W > W_L$,$1.0 \leq e < 1.5$ 时称淤泥质土; 3. 当 $W > W_L$,$e \geq 1.5$ 时称淤泥 |
| 泥炭质土 | $10\% < W_u \leq 60\%$ | 深灰或黑色,有腥味,能看到未完全分解的植物结构,浸水体胀,易崩解,有植物残渣浮于水中,干缩现象明显 | 可根据地区特点和需要按 $W_u$ 细分为: 弱泥炭质土($10\% \leq W_u < 25\%$); 中泥炭质土($25\% \leq W_u < 40\%$); 强泥炭质土($40\% \leq W_u < 60\%$) |
| 泥炭 | $W_u < 60\%$ | 除有泥炭质土特征外,结构松散,土质很轻,暗无光泽,干缩现象极为明显 | |

注:有机质含量 $W_u$ 按灼失量试验确定。

(6)除颗粒级配和塑性指数定名外,土的综合定名应符合下列规定:

①对特殊成因和年代的土类应结合其成因和年代特征命名;

②对特殊性土,应结合颗粒级配和塑性指数定名;

③对混合土,应冠以主要含有的土类定名;

对同一土层中相间呈韵律沉积,当薄层与厚层的厚度比大于 1/3 时,宜定位"互层";厚度比为 1/10 ~ 1/3 时,宜定义为"夹层";厚度比小于 1/10 的土层,且多次出现时,应定为"夹薄层";当土层厚度大于 0.5m 时,宜单独分层。

(7)据《建筑地基基础设计规范》(GB 5007—2002),淤泥等土的划分为:

①淤泥为在静水或缓慢的流水环境中沉积,并经生物化学作用形成,其天然含水率大于液

限,天然孔隙比大于或等于 1.5 的黏性土,当天然含水率大于液限而天然孔隙比小于 1.5 或大于及等于 1.0 的黏性土或粉土为淤泥质土。

②红黏土为碳酸盐岩系的岩石经红土化作用形成的高塑性黏土。其液限一般大于 50%。红黏土经搬运后仍保留其基本特征,液限大于 45% 的土为次生红黏土。

③人工填土根据其组成和成因,可分为素填土、压实土、冲填土。

④素填土为由碎石土、砂土、粉土、黏性土等组成的填土。经过压实或夯实的填土为压实填土。杂填土为含有建筑垃圾、工业废料、生活垃圾等杂物的填土。冲填土为由水力充填泥沙形成的填土。

⑤膨胀土为土中黏粒成分主要由亲水性矿物组成,同时具有亚的吸水膨胀和失水收缩特性,其自由膨胀率大于或等于 40% 的黏性土。

⑥湿陷性土为浸水后产生附加沉降,其湿陷系数大于或等于 0.015 的土。

(8)土的鉴定应在现成描述的基础上,结合室内试验的开土记录和试验结果综合确定。土的描述如下:

①碎石土应描述颗粒级配、颗粒形状、颗粒排列、母岩成分、风化程度、充填物的性质和充填程度、密实度等。

②砂土应描述颜色、矿物组成、颗粒级配、颗粒形状、黏粒含量、湿度、密实度等。

③粉土应描述颜色、包含物、湿度、密实度、摇震反应、光泽反应、干强度、韧性等。

④黏性土应描述颜色、状态、包含物、摇震反应、光泽反应、干强度、韧性、土层结构等。

⑤特殊性土除应描述上述土类规定的内容外,还应描述其特殊成分和特殊性质;如对淤泥须描述嗅味,对填土须描述物质成分、堆积年代、密实度、厚度及均匀程度等。

⑥对具有互层、夹层、薄夹层特征的土,应描述各层的厚度和层理特征。

(9)碎石土的密实度可根据圆锥动力触探锤击数按表 2-23 或表 2-24 确定,表中的 $N_{63.5}$ 和 $N_{120}$ 应按圆锥动力触探锤击数修正表进行修正。定性描述可按表 2-25 执行。

**碎石土密实度按 $N_{63.5}$ 分类**　　　　　　　　　　　　　表 2-23

| 重型动力触探锤击数 $N_{63.5}$ | 密　实　度 | 重型动力触探锤击数 $N_{63.5}$ | 密　实　度 |
|---|---|---|---|
| $N_{63.5} \leq 5$ | 松散 | $10 < N_{63.5} \leq 20$ | 中密 |
| $5 < N_{63.5} \leq 10$ | 稍密 | $N_{63.5} > 20$ | 密实 |

注:本表适用于平均粒径大于或等于 50mm,且最大粒径小于 100mm 的碎石土,对于平均粒径大于 50mm,或最大粒径大于 100mm 碎石土,可用超重型动力触探或野外观察鉴别。

**碎石土密实度按 $N_{120}$ 分类**　　　　　　　　　　　　　表 2-24

| 超重型动力触探锤击数 $N_{120}$ | 密　实　度 | 超重型动力触探锤击数 $N_{120}$ | 密　实　度 |
|---|---|---|---|
| $N_{120} \leq 3$ | 松散 | $11 < N_{120} \leq 14$ | 密实 |
| $3 < N_{120} \leq 6$ | 稍密 | $N_{120} > 14$ | 很密 |
| $6 < N_{120} < 11$ | 中密 | | |

(10)砂土的密实度可根据标准贯入试验锤击数实测值 $N$ 划分为密实、中密、稍密和松散,并应符合表 2-26 的规定。当用静力触探探头阻力划分砂土密实度时,可根据当地经验确定。

**碎石土密实度野外鉴别**　　　　表 2-25

| 密实度 | 骨架颗粒含量 | 可挖性 | 可钻性 |
|---|---|---|---|
| 松散 | 骨架颗粒质量小于总质量的60%，排列混乱，大部分不接触 | 锹可以挖掘，井壁易坍塌，从井壁取出大颗粒后，立即坍塌 | 钻进较容易，钻杆稍有跳动，孔壁易坍塌 |
| 中密 | 骨架颗粒质量等于总质量的60%~70%，呈交错排列，大部分接触 | 锹镐可以挖掘，井壁有掉块现象，从井壁取出大颗粒后，能保持凹面性状 | 钻进较困难，钻杆、吊锤跳动不剧烈，孔壁有坍塌现象 |
| 密实 | 骨架颗粒质量大于总质量的70%，呈交错排列，连续接触 | 锹镐挖掘困难，用撬棍方能松动，井壁较稳定 | 钻进困难，钻杆、吊锤跳动剧烈，孔壁较稳定 |

注：密实度应按表列各项特征综合确定。

**砂土密实度分类**　　　　表 2-26

| 标准贯入锤击数 $N$ | 密实度 | 标准贯入锤击数 $N$ | 密实度 | 标准贯入锤击数 $N$ | 密实度 |
|---|---|---|---|---|---|
| $N \leqslant 4$ | 极松 | $10 < N \leqslant 15$ | 稍密 | $30 < N \leqslant 50$ | 密实 |
| $4 < N \leqslant 10$ | 松散 | $15 < N \leqslant 30$ | 中密 | $N > 50$ | 极密实 |

（11）粉土的密实度应根据孔隙比 $e$ 划分为密实、中密、稍密；其湿度应根据含水率 $w\%$ 划分为稍湿、湿、很湿。密实度和湿度的划分应分别符合表 2-27 和表 2-28 的规定。当有经验时，也可用原位测试或其他方法划分粉土的密实度。

**粉土密实度分类**　　　　表 2-27

| 孔隙比 $e$ | $e < 0.75$ | $0.75 < e \leqslant 0.90$ | $e > 0.9$ |
|---|---|---|---|
| 密实度 | 密实 | 中密 | 稍密 |

**粉土湿度分类**　　　　表 2-28

| 含水率 $w(\%)$ | $w < 20$ | $20 < w \leqslant 30$ | $w > 30$ |
|---|---|---|---|
| 湿度 | 稍湿 | 湿 | 很湿 |

（12）塑性指数大于 10 的土应定名为黏性土。黏性土应根据塑性指数分为粉质黏土和黏土。塑性指数大于 10，且小于或等于 17 的土，应定名为粉质黏土；塑性指数大于 17 的土应定名为黏土。塑性指数应由相应于 76g 圆锥仪沉入土中深度为 10mm 时测定的液限计算而得。黏性土的状态应根据液性指数 $I_L$ 划分为坚硬、硬塑、可塑、软塑和流塑，按表 2-29 确定。

**黏性土状态分类**　　　　表 2-29

| 液性指数 | $I_L \leqslant 0$ | $0 < I_L \leqslant 0.25$ | $0.25 < I_L \leqslant 0.75$ | $0.75 < I_L \leqslant 1$ | $I_L > 1$ |
|---|---|---|---|---|---|
| 状态 | 坚硬 | 硬塑 | 可塑 | 软塑 | 流塑 |

### 三、水利水电工程岩土分类与鉴定

水利水电的岩土分类基本上同《岩土工程勘察规范》（GB 50021—2001）。但分类更强调了围岩的地质分类，如《水利水电工程地质勘察规范》（GB 50487—2008）中，围岩工程地质分类分为初步分类和详细分类。

初步分类适用于规划阶段、可研阶段以及深埋洞室施工之前的围岩工程地质分类；详细分类主要用于初步设计、招标和施工图设计阶段的围岩工程地质分类。

（1）围岩初步分类以岩石强度、岩体完整程度、岩体结构类型为基本依据，以岩层走向与洞轴线的关系、水文地质条件为辅助依据。围岩稳定性评价见表2-30。

**围岩稳定性评价**  表2-30

| 围岩类型 | 围岩稳定性评价 | 支护类型 |
|---|---|---|
| Ⅰ | 稳定、围岩可长期稳定，一般无不稳定块体 | 不支护或局部锚杆或喷薄层混凝土。大跨度时，喷混凝土、系统锚杆加钢筋网 |
| Ⅱ | 基本稳定、围岩整体稳定，不会产生塑性变形，局部可能产生掉块 | |
| Ⅲ | 局部稳定性差。围岩强度不足，局部会产生塑性变形，不支护可能产生塌方或变性破坏。完整的较软岩，可能暂时稳定 | 喷混凝土、系统锚杆加钢筋网。采用TBM掘进时，需要及时支护。跨度大于20m时，宜采用锚索或刚性支护 |
| Ⅳ | 不稳定，围岩自稳时间很短，规模较大的各种变形和破坏都可能发生 | 喷混凝土、系统锚杆加钢筋网、刚性支护，并浇筑混凝土衬砌，不适宜于开敞式TBM施工 |
| Ⅴ | 极不稳定。围岩不能自稳，变形破坏严重 | |

（2）围岩工程地质详细分类应以控制围岩稳定的延时强度、岩体完整程度、结构面状态、地下水和主要结构面产状五项因素之和的总评分为基本判据，围岩强度应力比为限定判据，并应符合表2-31规定。

**围岩工程地质分类**  表2-31

| 围岩类别 | 围岩稳定性 | 围岩总评分 $T$ | 围岩强度应力比 $S$ | 支护类型 |
|---|---|---|---|---|
| Ⅰ | 稳定。围岩可长期稳定，一般无不稳定岩体 | $T>85$ | $>4$ | 不支护或局部锚杆或喷薄层混凝土。大跨度时，喷混凝土、系统锚杆加钢筋网 |
| Ⅱ | 基本稳定。围岩整体稳定，不会产生塑性变形，局部可能掉块 | $85 \geqslant T>65$ | $>4$ | |
| Ⅲ | 稳定性差。围岩强度不足，局部会产生塑性变形，不支护可能产生塌方或变形破坏。完整的较软岩，可能暂时稳定 | $65 \geqslant T>45$ | $>2$ | 喷混凝土、系统锚杆加钢筋网。跨度为 20～25m 时，并浇筑混凝土衬砌 |
| Ⅳ | 不稳定。围岩自稳时间很短，规模较大的各种变形和破坏都可能发生 | $45 \geqslant T>25$ | $>2$ | |
| Ⅴ | 极不稳定。围岩不能自稳，变形破坏严重 | $T \leqslant 25$ | 不限 | 喷混凝土、系统锚杆加钢筋网，并浇筑混凝土衬砌 |

注：1. Ⅱ、Ⅲ、Ⅳ类围岩，当其强度应力比小于本表规定时，围岩类别宜相应降低一级。

2. 围岩强度应力比 $S$ 可根据下式求得：

$$S = \frac{R_b K_v}{\sigma_m}$$

式中：$R_b$——岩石饱和单轴抗压强度，MPa；

$K_v$——岩体完整性系数；

$\sigma_m$——围岩的最大主应力，MPa。

（3）围岩工程地质分类中五项因素的评分应符合下列标准：

①岩石强度的评分应符合表2-32的规定。

②岩体完整程度的评分应符合表2-33的规定。

③结构面状态的评分应符合表2-34的规定。

④地下水状态的评分应符合表2-35的规定。

⑤主要结构面产状的评分应符合表2-36的规定。

### 岩石强度评分

表 2-32

| 岩质类型 | 硬 质 岩 | | 中 硬 岩 | |
|---|---|---|---|---|
| | 坚硬岩 | 中硬岩 | 较软岩 | 软岩 |
| 饱和单轴抗压强度 $R_b$ | $R_b > 60$ | $60 \geqslant R_b > 30$ | $30 \geqslant R_b > 15$ | $15 \geqslant R_b > 5$ |
| 岩石强度评分 $A$ | $30 \sim 20$ | $20 \sim 10$ | $10 \sim 5$ | $5 \sim 0$ |

注:1. 当岩石饱和单轴抗压强度大于 100MPa 时,岩石强度的评价为 30。

　　2. 当岩体完整程度与结构面状态评分之和小于 5 时,岩石强度评分大于 20 的,按 20 评分。

### 岩石完整程度评分

表 2-33

| 岩体完整程度 | | 完整 | 较完整 | 完整性差 | 完整性差 | 破碎 |
|---|---|---|---|---|---|---|
| 岩体完整性系数 $K_V$ | | $K_V > 0.75$ | $0.75 \geqslant K_V > 0.55$ | $0.55 \geqslant K_V > 0.25$ | $0.35 \geqslant K_V > 0.15$ | $K_V < 0.15$ |
| 岩石完整性评分 $B$ | 硬质岩 | $40 \sim 30$ | $30 \sim 22$ | $22 \sim 14$ | $14 \sim 6$ | $< 6$ |
| | 软质岩 | $25 \sim 19$ | $19 \sim 14$ | $14 \sim 9$ | $9 \sim 4$ | $< 4$ |

注:1. 当 $60MPa \geqslant R_b > 30MPa$,岩体完整性程度与结构面状态评分之和大于 65 时,按 65 评分。

　　2. 当 $30MPa \geqslant R_b > 15MPa$,岩体完整性程度与结构面状态评分之和大于 55 时,按 55 评分。

　　3. 当 $15MPa \geqslant R_b > 5MPa$,岩体完整性程度与结构面状态评分之和大于 40 时,按 40 评分。

　　4. 当 $R_b \leqslant 5MPa$,属特软岩,岩体完整性程度与结构面状态不参加评分。

### 结构面状态评分

表 2-34

| 结构面状态 | 张开度 $W$（mm） | 闭合 $W < 0.5$ | | 微张 $0.5 \leqslant W < 5.0$ | | | | | | | | | 张开 $W \geqslant 5.0$ | |
|---|---|---|---|---|---|---|---|---|---|---|---|---|---|---|
| | 充填物 | — | | 无填充 | | | 岩屑 | | | 泥屑 | | | 岩屑 | 泥质 |
| | 起伏粗糙状况 | 起伏粗糙 | 平直光滑 | 起伏粗糙 | 起伏光滑或平直粗糙 | 平直光滑 | 起伏粗糙 | 起伏光滑或平直粗糙 | 平直光滑 | 起伏粗糙 | 起伏光滑或平直粗糙 | 平直光滑 | — | — |
| 结构面状态评分 $C$ | 硬质岩 | 27 | 21 | 24 | 21 | 15 | 21 | 17 | 12 | 15 | 12 | 9 | 12 | 6 |
| | 软岩 | 18 | 14 | 17 | 14 | 8 | 14 | 11 | 8 | 10 | 8 | 6 | 8 | 4 |

注:1. 结构面的延伸长度小于 3m 时,硬质岩、较软岩的结构面状态评分另加 3 分,软岩加 2 分;结构面延伸长度大于 10m 时,硬质岩、较软岩减 3 分,软岩减 2 分。

　　2. 当结构面张开度大于 10mm,无充填时,结构面状态的评分为零。

### 地 下 水 状 态 评 分

表 2-35

| 活动状态 | | | 干燥到渗水、滴水 | 线状流水 | 涌水 |
|---|---|---|---|---|---|
| 水量 $q[L/(min \cdot 10m$ 洞长$)]$或压力水头 $H(m)$ | | | $q = 25$ 或 $H = 10$ | $25 < q \leqslant 125$ 或 $10 < H \leqslant 100$ | $q > 125$ 或 $H > 100$ |
| 基本因素评分 $T_i$ | $T_i > 85$ | 地下水评分 $D$ | 0 | $0 \sim -2$ | $-2 \sim -6$ |
| | $85 \geqslant T_i > 65$ | | $0 \sim 2$ | $-2 \sim -6$ | $-6 \sim -10$ |
| | $65 \geqslant T_i > 45$ | | $-2 \sim -6$ | $-6 \sim -10$ | $-10 \sim -14$ |
| | $45 \geqslant T_i > 25$ | | $-6 \sim -10$ | $-10 \sim -14$ | $-14 \sim -18$ |
| | $T_i \leqslant 25$ | | $-10 \sim -14$ | $-14 \sim -18$ | $-18 \sim -20$ |

注:基本因素评分 $T_i$ 是前述岩石强度评分 $A$、岩石完整性评分 $B$ 和结构面状态评分 $C$ 的和。

主要结构面产状评分                                                     表2-36

| 结构面走向与洞轴线夹角 | 90°~60° | | | | 60°~30° | | | | <30° | | | |
|---|---|---|---|---|---|---|---|---|---|---|---|---|
| 结构面倾角 | >70° | 70°~45° | 45°~20° | <20° | >70° | 70°~45° | 45°~20° | <20° | >70° | 70°~45° | 45°~20° | <20° |
| 结构面产状评分E 洞顶 | 0 | -2 | -5 | -10 | -2 | -5 | -10 | -12 | -5 | -10 | -12 | -12 |
| 边墙 | -2 | -5 | -2 | 0 | -5 | -10 | -2 | 0 | -10 | -12 | -5 | 0 |

注:按岩体完整程度分级为完整性差、较破碎和破碎的围岩不进行主要结构面产状评分的修正。

（4）本围岩工程地质分类不适用于埋深小于2倍洞径或跨度的地下洞室和特殊土、喀斯特洞穴发育地段的地下洞室。

（5）大跨度地下洞室围岩的分类除采用所列分类外,尚应采用其他有关国家标准综合评定。对国际合作的工程还可采用国际通用的围岩分类对比使用。

## 思考题

1.岩土工程勘察的等级由哪些因素决定?

2.岩土工程勘察可划分为几个阶段? 各个阶段的主要工作是什么?

3.《工程岩体分级标准》(GB/T 50218—2014)的岩体如何分级?

4.《岩土工程勘察规范》(GB 50021—2001)的岩土如何分类?

5.《水利水电工程地质勘察规范》(GB 50487—2008),围岩工程地质如何进行初步分类和详细分类?

6.岩土体勘察现场描述的作用和主要内容是什么?

# 第三章　不良地质作用与特殊性岩土

不良地质作用是指由地球内力或外力产生的对工程可能造成危害的地质作用。由不良地质作用引发的危及人身、财产、工程或环境安全的事件，又称为地质灾害。

在各项工程建设中存在的不良地质作用和地质灾害主要有岩溶、滑坡、泥石流、采空区、地震等。这些不良地质作用及其引发的各种地质灾害对工程建设的场地稳定性、建筑适宜性等往往起到决定性作用，同时对工程建设后期安全运营也会产生重大、直接的危害。因此，重视不良地质作用和地质灾害的调查、勘察、给出客观评价，对工程建设活动具有重要意义，也是岩土工程勘察的一项重要工作。

## 第一节　岩　　溶

岩溶是我国相当普遍的一种不良地质作用，在一定条件下可能发生地质灾害，严重威胁工程安全。岩溶作用所形成的复杂地基常常会由于下伏溶洞顶板坍塌、土洞发育大规模地面塌陷、岩溶地下水的突袭、不均匀地基沉降等，对工程建设产生重要影响。特别在大量抽取地下水，使水位急剧下降，引发土洞的发展和地面塌陷的发生方面，我国已有很多实例。故拟建工程场地或其附近存在对工程安全有影响的岩溶时，应进行岩溶勘察。

### 一、岩溶及岩溶作用的概念

岩溶是地壳岩石圈内可溶岩层（碳酸盐类岩层如石灰岩、白云岩、大理岩等，硫酸盐类岩石如石膏等，卤素类岩如盐岩等）在具有侵蚀性和腐蚀能力的水体作用下，以近代化学溶蚀作用为特征，包括水体对可溶岩层的机械侵蚀和崩解作用，而被腐蚀下来的物质携出、转移和再沉积的综合地质作用及由此所产生的现象的统称，又称为喀斯特（Karst）。由岩溶现象造成的对可溶性岩石的破坏和改造作用都称为岩溶作用。

### 二、岩溶发育规律

岩溶的形成、发育和发展要有其内在因素和外界条件。形成岩溶一般要同时具备 3 个条件：一是地区要具有可溶性的岩层，岩性不同，溶蚀强度不一；二是要具有溶解可溶岩层能力的溶蚀体，在自然界中主要是 $CO_2$ 和足够流量的水；三是要有溶蚀水体能够沿着岩土裂隙、节理等孔隙而渗入可溶岩体上，有进行侵蚀作用的通道。

（1）岩溶与岩性的关系

岩石成分、成层条件和组织结构等直接影响岩溶的发育程度和速度。一般来讲，硫酸盐类和卤素类岩层岩溶发展速度较快；碳酸盐类岩层则发育速度较慢。质纯层厚的岩层，岩溶发育强烈，且形态齐全，规模较大；含泥质或其他杂质的岩层，岩溶发育较弱。结晶颗粒粗大的岩石,岩溶较为发育;结晶颗粒细小的岩石,岩溶发育较弱。

（2）岩溶与地质构造的关系

①节理裂隙:裂隙的发育程度和延伸方向通常决定了岩溶的发育程度与发展方向。在节理裂隙的交叉处或密集带,岩溶最易发育。

②断层:沿断裂带是岩溶显著发育地段,常分布有漏斗、竖井、落水洞及溶洞、暗河等。往往在正断层处岩溶较发育,逆断层处岩溶发育较弱。

③褶皱:褶轴部一般岩溶较发育。在单斜地层中,岩溶一般顺层面发育。在不对称褶曲中,陡的一翼岩溶相比较缓的一翼发育强。

④岩层产状:倾斜或陡倾斜的岩层,一般岩溶发育较强烈;水平或缓倾斜的岩层,当上覆或下伏非可溶性岩层时,岩溶发育较弱。

⑤可溶性岩与非可溶性岩接触带或不整合面岩溶往往发育。

（3）岩溶与新构造运动的关系

地壳强烈上升地区,岩溶以垂直方向发育为主;地壳相对稳定地区,岩溶以水平方向发育为主;地壳下降地区,既有水平发育又有垂直发育,岩溶发育较为复杂。

（4）岩溶与地形的关系

地形陡峻、岩石裸露的斜坡上,岩溶多呈溶沟、溶槽、石芽等地表形态;地形平缓地带,岩溶多以漏斗、竖井、落水洞、塌陷洼地、溶洞等形态为主。

（5）地表水体同岩层产状关系对岩溶发育的影响

水体与层面反向或斜交时,岩溶易于发育;水体与层面顺向时,岩溶不易发育。

（6）岩溶与气候的关系

在大气降水丰富、气候潮湿地区,地下水能经常得到补给,水的来源充沛,岩溶易发育。

（7）岩溶发育的带状性和成层性

岩石的岩性、裂隙、断层和接触面等一般都有方向性,造成了岩溶发育的带状性;可溶性岩层与非可溶性岩层互层、地壳强烈的升降运动、水文地质条件的改变等则往往造成岩溶分布的成层性。

### 三、岩溶勘察要点

岩溶勘察的目的在于查明对场地安全和地基稳定有影响的岩溶发育规律,各种岩溶形态的规模、密度及其空间分布规律,可溶岩顶部浅层土体的厚度、空间分布及其工程性质,岩溶水的循环交替规律等,并对建筑场地的适宜性和地基的稳定性做出确切的评价。

在岩溶勘察过程中,应查明与场地选择和地基稳定评价有关的基本问题:

①各类岩溶的位置、高程、尺寸、形状、延伸方向、顶板与底部状况、围岩（土）及洞内堆填物性状、坍落的形成时间与因素等。

②岩溶发育与地层的岩性、结构、厚度及不同岩性组合的关系,结合各层位上岩溶形态与分布数量的调查统计,划分出不同的岩溶岩组。

③岩溶形态分布、发育强度与所处的地质构造部位、褶皱形式、地层产状、断裂等结构面及其属性的关系。

④岩溶发育与当地地貌发展史、所处的地貌部位、水文网及相对高程的关系。划分出岩溶

微地貌类型及水平与垂向分带。阐明不同地貌单元上岩溶发育特征及强度差异性。

⑤岩溶水出水点的类型、位置、标高、所在的岩溶岩组、季节动态、连通条件及具与地面水体的关系。阐明岩溶水环境、动力条件、消水与涌水状况、水质与污染。

⑥土洞及各类地面变形的成因、形态规律、分布密度与土层厚度、下伏基岩岩溶特征、地表水和地下水动态及人为因素的关系。结合已有资料，划分出土洞与地面变形的类型及发育程度区段。

⑦在场地及其附近有已（拟）建人工降水工程，应着重了解降水的各项水文地质参数及空间与时间的动态。据此预测地表塌陷的位置与水位降深、地下水流向及塌陷区在降落漏斗中的位置及其之间的关系。

⑧溶洞史的调查访问、已有建筑使用情况、设计施工经验、地基处理的技术经济指标与效果等。勘察阶段应与设计相应的阶段一致。

**四、勘察方法**

1. **工程地质测绘**

测绘的范围和比例尺，必须根据场地建筑物的特点、设计阶段和场地地质条件的复杂程度而定。在初期设计阶段，测绘的范围较大而比例尺较小；而后期设计阶段，测绘范围主要局限于围绕建筑物场地的较小范围，比例尺则相对较大。

重点研究内容：

（1）地层岩性。可溶岩与非可溶岩组、含水层和隔水层组及它们之间的接触关系，可溶岩层的成分、结构和可溶解性；第四系覆盖层的成因类型、空间分布及其工程地质性质。

（2）地质构造：场地的地质构造特征，尤其是断裂带的位置、规模、性质，主要节理裂隙的网络结构模型及其与岩溶发育的关系；不同构造部位岩溶发育程度的差异性。新构造升降运动与岩溶发育的关系。

（3）地形地貌。地表水文网发育特点、区域和局部侵蚀基准面分布，地面坡度和地形高差变化。新构造升降运动与岩溶发育的关系。

（4）岩溶地下水。埋藏、补给、径流和排泄情况、水位动态及连通情况，尤其是岩溶泉的位置和高程；场地可能受岩溶地下水淹没的可能性，以及未来场地内的工程经济活动可能污染岩溶地下水的可能性。

（5）岩溶形态。岩溶类型、位置、大小、分布规律、充填情况、成因及其与地表水和地下水的联系。尤其要注意研究各种岩溶形态之间的内在联系及它们之间的特定组合规律。

当需要测绘的场地范围较大时，可以借助于遥感图像的地质解译来提高工作效率。在背斜核部或大断裂带上，漏斗、溶蚀洼地和地下暗河常较发育，它们多表现为线性负地形，因而可以利用漏斗、溶蚀洼地的分布规律来研究地下暗河的分布。

2. **工程地质钻探**

工程地质钻探的目的是查明地下伏基岩埋藏深度和基岩面起伏情况，岩溶的发育程度和空间分布，岩溶水的埋深、动态、水动力特征等。钻探施工过程中，尤其要注意掉钻、卡钻和井壁坍塌，以防止事故发生，同时要做好现场记录，注意冲洗液消耗量的变化及统计线性岩溶率

(单位长度上岩溶空间形态长度的百分比)和体积岩溶率(单位体积上岩溶空间形态体积的百分比)。

对勘探点的布置也要注意以下两点：

(1)钻探点的密度除满足一般岩土工程勘探要求外，还应当对某些特殊地段进行重点勘探并加密勘探点，如地面塌陷、地下水消失地段，地下水活动强烈的地段，可溶性岩层与非可溶性岩层接触的地段，基岩埋藏较浅且起伏较大的石芽发育地段，软弱土层分布不均匀的地段，物探异常或基础下有溶洞、暗河分布的地段等。

(2)钻探点的深度除满足一般岩土工程勘探要求外，对有可能影响场地地基稳定性的溶洞，勘探孔应深入完整基岩 3~5m 或至少穿越溶洞，对重要建筑物基础还应当加深。对于为验证物探异常带而布设的勘探孔，其深度一般应钻入异常带以下适当深度。

**3. 地球物理勘探**

在岩溶场地进行地球物理勘探时，有多种方法可供选择。如高密度多极电法、地质雷达法、浅层地震法、高精度磁法、声波透视(CT)法及重力法勘探等。但为获得较好的探测效果，必须注意各种方法的使用条件及具体场地的地形、地质、水文地质条件。当条件允许时，应尽可能采用多种物探方法，综合对比判译。

**4. 测试和观测**

由于岩溶现象存在发育分布的不规律性和特殊性，其勘察过程中的测试工作除按照一般建筑工程勘察所要求的测试项目外，也有相应的特殊要求。对于岩溶勘察：

(1)当追索隐伏洞隙的联系时，可进行连通试验，对分析地下水的流动途径、地下水分水的位置、水均衡有重要意义。一般采用示踪剂法，可用作示踪剂的有荧光素、盐类、放射性同位素等。

(2)评价洞隙稳定性时，可采取洞体顶板岩样及充填物土样做物理力学性质试验，必要时可进行现场顶板岩体的载荷试验。

(3)顶板为易风化或软弱岩石时，可进行抗风化试验。

(4)当需查明土的性状与土洞形成的关系时，可进行湿化、胀缩、可溶性与剪切试验等。

(5)查明地下水动力条件和潜蚀作用、地表水与地下水的联系、预测土洞、地表塌陷的发生和发展时，可进行水位、流速、流向及水质的长期观测。

(6)对于重要的工程场地，当需要了解可溶性岩层渗透性和单位吸水量时，可进行抽水试验和压水试验。

**五、岩溶场地评价**

**1. 场地稳定性评价**

岩溶场地稳定性评价主要是通过勘察资料分析，确定岩溶发育程度和对今后工程建设工作的影响及其危害程度，判明对工程不利场地范围和规模，对存在不利于工程建设的岩溶场地，且其后期处理复杂或处理工程量巨大，处理费用较高的情况下，一般应采取避开措施。有下列情况之一者，可判定对工程不利，一般应绕避或舍弃：

(1)浅层洞体或溶洞群，其洞径大，顶板破碎且可见变形迹象，洞底有新近坍落物。

（2）隐伏的漏斗、洼地、槽谷等规模较大的浅埋岩溶形态，其间和上覆为软弱土体或地面已出现明显变形。

（3）地表水沿土中缝隙下渗或地下水自然升降使上覆层被冲蚀，出现成片（带）土洞塌陷地带。

（4）覆盖土地段抽水降落漏斗中最低动水位高出岩土交界面的区段。

（5）岩溶通道排泄不畅，可能导致暂时淹没的地段。

2. 地基稳定性评价

由于岩溶发育，岩溶形态多样，往往使溶岩表面参差不齐；地下溶洞又破坏了岩体完整性；岩溶水动力条件变化，又会使其上部覆盖土层产生开裂、沉陷。这些都不同程度地影响着建筑物地基的稳定。

（1）岩溶地基类型

根据碳酸盐岩出露条件及其对地基稳定性的影响，可将岩溶地基划分为裸露型、覆盖型、掩埋型三种，而最重要的是前两种。

①裸露型：缺少植被和土层覆盖，碳酸盐岩裸露于地表或其上仅有很薄覆土。它又可分为石芽地基和溶洞地基两种。

a. 石芽地基：由大气降水和地表水沿裸露的碳酸盐岩节理、裂隙溶蚀扩展而形成。溶沟间残存的石芽高度一般不超过 3m。如被土覆盖，称为埋藏石芽。石芽多数分布在山岭斜坡上、河流谷坡及岩溶洼地的边坡上。芽面极陡，芽间的溶沟、溶槽有的可深达 10 余米，而且往往与下部溶洞和溶蚀裂隙相连，基岩面起伏极大。因此，会造成地基滑动及不均匀沉陷和施工困难。

b. 溶洞地基：浅层溶洞顶板的稳定性问题是该类地基安全的关键。溶洞顶板的稳定性与岩石性质、结构面的分布及其组合关系、顶板厚度、溶洞形态和大小、洞内充填情况和水文地质条件等有关。

②覆盖型：碳酸盐岩之上覆盖层厚数米至数十米（一般小于 30m）。这类土体可以是各种成因类型的松软土，如风成黄土、冲洪积砂卵石类土及我国南方岩溶地区普遍发育的残坡积红黏土。覆盖型岩溶地基存在的主要岩土工程问题是地面塌陷，对这类地基稳定性的评价需要同时考虑上部建筑荷载与土洞的共同作用。

（2）岩溶地基稳定性定性评价

岩溶地基稳定性的定性评价中，对裸露或浅埋的岩溶洞隙稳定评价至关重要。根据经验，可按洞穴的各项边界条件，对比表 3-1 所列影响其稳定的诸因素综合分析，做出评价。

岩溶地基稳定性的定性评价　　　　　　　　　　　表 3-1

| 因　素 | 对稳定有利 | 对稳定不利 |
|---|---|---|
| 岩性及层厚 | 厚层块状、强度高的灰岩 | 泥灰岩、白云质灰岩，薄层状有互层，岩体软化，强度低 |
| 裂隙状况 | 无断裂，裂隙不发育或胶结好 | 有断层通过，裂隙发育，岩体被 2 组以上裂隙切割，裂缝张开，岩体呈干砌状 |
| 岩层产状 | 岩层走向与洞轴正交或斜交，倾角平缓 | 走向与洞轴平行，陡倾角 |

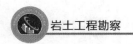
续上表

| 因　素 | 对稳定有利 | 对稳定不利 |
|---|---|---|
| 洞隙形态与埋藏条件 | 洞体小(与基础尺寸相比),呈竖向延伸的井状,单体分布,埋藏深,覆土厚 | 洞径大,呈扁平状,复体相连,埋藏浅,在基底附近 |
| 顶板情况 | 顶板岩层厚度与洞径比值大,顶板呈板状或拱状,可见钙质沉积 | 顶板岩层厚度与洞径比值小,有悬挂岩体,被裂隙切割且未胶结 |
| 充填情况 | 为密实沉积物填满且无被水冲蚀的可能 | 未充填或半充填,水流冲蚀有充填物,洞底见有近期坍落物 |
| 地下水 | 无 | 有水流或间歇性水流,流速大,有承压性 |
| 地震设防烈度 | 地震设防烈度小于7度 | 地震设防烈度大于或等于7度 |
| 建筑荷载及重要性 | 建筑物荷重小,为一般建筑物 | 建筑物荷重大,为重要建筑物 |

上述评价方法属于经验比拟法,适用于初勘阶段选择建筑场地及一般工程的地基稳定性评价。这种方法虽简便,但往往有一定的随意性。实际运用中应根据影响稳定性评价的各项因素进行充分的综合分析,并在勘察和工程实践中不断总结经验,或根据当地相同条件的已有的成功与失败工程实例进行比拟评价。

地基稳定性定性评价的核心是查明岩溶发育和分布规律,对地基稳定有影响的个体岩溶形态特征,如溶洞大小、形状、顶板厚度、岩性、洞内充填和地下水活动情况等,上覆土层岩性、厚度及上洞发育情况,根据建筑物荷载特点,并结合已有经验,最终对地基稳定性作出全面评价。

(3)岩溶地基稳定性半定量评价

目前,岩溶地基稳定性的定量评价较难实现:一是受各种因素的制约,岩溶地基的边界条件相当复杂,受到探测技术的局限,岩溶洞穴和土洞往往很难查清;二是洞穴的受力状况和围岩应力场的演变十分复杂,要确定其变形破坏形式和取得符合实际的力学参数又很困难。因此,在工程实践中,大多采用半定量评价方法,主要是根据一些公式对溶洞或土洞的稳定性进行分析。目前有以下几种方法:根据溶洞顶板坍塌自行填塞洞体所需要厚度进行计算;根据顶板裂隙分布情况,分别对其进行抗弯、抗剪计算;根据极限平衡条件,按顶板能抵抗受荷载剪切的厚度计算;普氏压力拱理论分析法;有限元数值分析法;多元逐步回归分析和模糊综合分析法等。因目前尚属探索阶段,有待积累资料不断提高,实际工程中应采取定性评价与定量评价相结合,以多种评价方法综合评判,注意积累当地的成功经验进行恰当的评价。

# 第二节　滑　　坡

## 一、滑坡的定义和形成

滑坡是指斜坡上的土体或岩体受河流冲刷、地下水活动、地震及人工切坡等因素的影响,在重力的作用下,沿着一定的软弱面或软弱带,整体或分散地顺坡向下滑动的自然现象,又称"走山""跨山""地滑""土溜"等。滑坡泛指已经发生的滑坡和可能以滑坡形式破坏的不稳定斜坡或变形体。

滑坡的形成必须具备3个条件：

①有位移的空间，即要具有足够的临空面；

②有适宜的岩土体结构，即具有可形成滑动面的剪切破碎面或剪切破碎带；

③有驱使滑体发生滑动位移的动力。

三者缺一不可。因此，对滑坡进行岩土工程勘察，其主要任务就是要查明这三方面的条件及三者之间的内在联系，并对滑坡的防治与整治设计提出建议与依据。

滑坡的产生主要受地形地貌条件、地层岩性、地质构造、水文地质条件、地震作用和人类工程活动等因素控制。

滑坡是一种对工程安全有严重威胁的不良地质作用和地质灾害，可能造成人身伤亡和经济损失，产生严重后果。考虑到滑坡勘察的特点，当拟建工程场地存在滑坡或有滑坡可能时，应进行滑坡勘察；或者拟建工程场地附近存在滑坡或有滑坡可能，如危及工程安全，也应进行滑坡勘察。

**二、滑坡勘察的主要手段和要求**

根据滑坡工程勘察各阶段的具体要求，在滑坡勘察过程中应充分利用前期已有勘察资料，加强地质调查与测绘综合分析，合理使用勘探工作量。勘察方法的选用须论证对滑坡的扰动程度，采用井探、洞探、槽探等。开挖量大的山地工程时，应进行专门的工程影响评估，并提出紧急情况处理预案。

1. 工程地质测绘和调查

应充分收集已有地形图、遥感影像、水文气象、地质地貌等资料，了解滑坡的历史及前人工作程度，并访问调查和线路踏勘，对滑坡区地质背景、构造轮廓、变形范围等有一个基本认识。

（1）调查范围和比例尺

调查的范围应包括滑坡及其邻近地段。比例尺可选用 1:200～1:1000。用于整治设计时，比例尺可选用 1:200～1:500。

（2）调查的主要内容

①收集当地地质、气象、水文、地震和人类活动等相关资料，滑坡史，易滑地层分布，工程地质图和地质构造图等资料。

②调查微地貌形态及其演变过程，详细确定各滑坡要素；查明滑坡分布范围、滑带部位、滑痕指向、倾角及滑带的组成和岩土状态。

③调查滑带水和地下水的情况，泉水出露地点及流量，地表水体、湿地的分布、变迁及植被情况。

④调查滑坡内外已有建筑物、树木等的变形、位移特点及其形成的时间和破坏过程。

⑤调查当地整治滑坡的过程和经验。

对滑坡的重点部位应摄影或录像。

2. 勘探

勘探孔位的布置应在工程地质调查或测绘的基础上，沿确定的纵向或横向勘探线布置，针对要查明的滑坡地质结构或问题确定具体孔位。

（1）勘探的主要任务

查明滑坡体的范围、厚度、物质组成和滑动面（带）的个数、形状及各滑动带的物质组成，查明滑坡体内地下水含水层的层数、分布、来源、动态及各含水层间的水力联系等。

（2）勘探方法的选择

滑坡勘探工作应根据需要查明的问题的性质和要求，选择适当的勘探方法。一般可参照表3-2选用。

**滑坡勘探方法适用条件**　　　　　　　　　　　　表3-2

| 勘探方法 | 适 用 条 件 及 部 位 |
|---|---|
| 井探、槽探 | 用于确定滑坡周界和滑坡壁、前缘的产状，有时也为现场大面积剪切试验的试坑 |
| 深井（竖斜） | 用于观测滑坡体的变化，滑动带特征及采取不扰动土试样等。深井常布置在滑坡体中前部主轴附近。采用探井时，应结合滑坡的整治措施综合考虑 |
| 洞探 | 用于了解关键性的地质资料（滑坡的内部特征），当滑坡体厚度大，地质条件复杂时采用。洞口常选在滑坡两侧沟壁或滑坡前缘，平洞常为排泄地下水整治工程措施的一部分，并兼作观测洞 |
| 电探 | 用于了解滑坡区含水层、富水带的分布和埋藏深度，了解下伏基岩起伏和岩性变化及与滑坡有关的断裂破碎带范围等 |
| 地震勘探 | 用于探测滑坡区基岩的埋深，滑动面位置、形状等 |
| 钻探 | 用于了解滑坡内部的构造，确定滑动面的范围、深度和数量，观测滑坡深部的滑动动态 |

（3）勘探点的布置原则

勘探线和勘探点的布置应根据工程地质条件、地下水情况和滑坡形态确定。除沿主滑方向应布置勘探线外，在其两侧滑坡体外也应布置一定数量勘探线。勘探点间距不宜大于40m，在滑坡体转折处和预计采取工程措施的地段，也应布置勘探点。在滑床转折处，应设控制性勘探孔。勘探方法除钻探和触探外，应有一定数量的探井。对于规模较大的滑坡，宜布置物探工作。

（4）勘探孔深度的确定

勘探孔的深度应穿过最下一层滑面，进入稳定地层，控制性勘探孔应深入稳定地层一定深度，满足滑坡治理需要。在滑坡体、滑动面（带）和稳定地层中应采取土试样，必要时还应采取水试样。

（5）钻进过程中注意事项

①滑动面（带）的鉴定：滑带土的特点是潮湿饱水或含水率较高，比较松软，颜色和成分较杂，常具滑动形成的揉皱或微斜层理、镜面和擦痕；所含角砾、碎屑具有磨光现象，条状、片状碎石有错断的新鲜断口。同时应鉴定滑带土的物质组成，并将该段岩芯晾干，用锤轻敲或用刀沿滑面剖开，测出滑面倾角和沿擦痕方向的视倾角，供确定滑动面时参考。

②黄土滑坡的滑动面（带）往往不清楚，应特别注意黄土结构有无扰动现象及古土壤、卵石层产状的变化。这些往往是分析滑面位置的主要依据。

③钻进过程中应注意钻进速度及感觉的变化，并量测缩孔、掉块、漏水、套管变形的部位，同时注意对地下水位的观测。这些对确定滑动面（带）的意义很大。

**3.滑坡勘察的室内外试验**

（1）抽（提）水试验

测定滑坡体内含水层的涌水量和渗透系数；分层止水试验和连通试验，观测滑坡体各含水层的水位动态地下水流速、流向及相互联系;进行水质分析,用滑坡体内、外水质对比和体内分层对比,判断水的补给来源和含水层数。

（2）物理力学性质试验

除对滑坡体不同地层分别做天然含水率、密度试验外,更主要的是对软弱地层,特别是滑带土做物理力学性质试验。

（3）剪切试验

滑带土的抗剪强度直接影响滑坡稳定性验算和防治工程的设计,因此测定 $c$、$\Phi$ 值应根据滑坡的性质,组成滑带土的岩性、结构和滑坡目前的运动状态,选择尽量符合实际情况的剪切试验（或测试）方法。试验工作还应符合下列要求:

①宜采用室内或野外滑面重合剪或滑带土做重塑土或原状土多次剪,求出多次剪和残余抗剪强度指标。

②试验宜采用与滑动受力条件相类似的方法,用快剪、饱和快剪或固结快剪、饱和固结快剪。

③为检验滑动面抗剪强度指标的代表性,可采用反演分析法,并应符合:

采用滑动后实测的主滑断面进行计算:需合理选择稳定安全系数 $K$ 值,对正在滑动的滑坡,可根据滑动速率选择略小于 1 的 $K$ 值（$0.95 \leqslant K < 1$）,对处于暂时稳定的滑坡,可选择略大于 1 的 $K$ 值（$1 < K \leqslant 1.05$）。同时,宜根据抗剪强度 $c$、$\Phi$ 值的试验结果及经验数据,先给定其中某一比较稳定值,反求另一值,并应估计该滑坡达到的最不利情况的可能性。

### 三、滑坡的稳定性评价

滑坡场地的评价主要是场地稳定性评价,包括定性评价和定量评价。

1. 定性评价

定性评价主要从滑坡体地形地貌特征,水文地质条件变化及滑坡痕迹、滑坡各要素的变化等综合判定其稳定性。

（1）地貌特征

根据地貌特征判断滑坡的稳定性,见表 3-3。也可利用滑坡工程地质图,根据各阶地标高联结关系,滑坡位移量和与周围稳定地段在地物、地貌上的差异,以及滑坡变形历史等分析地貌发育历史过程和变形情况来推断发展趋势,判定滑坡整体和各局部的稳定程度。

根据地貌特征判断滑坡稳定性 表 3-3

| 滑坡要素 | 相 对 稳 定 | 不 稳 定 |
|---|---|---|
| 滑坡体 | 坡度较缓,坡面较平整,草木丛生,土体密实,无松塌现象,两侧沟谷已下切深达基岩 | 坡度较陡,平均坡度30°,坡面高低不平,有陷落松塌现象,无高大直立树木,地表水、泉、湿地发育 |
| 滑坡壁 | 滑坡壁较高,长满了草木,无擦痕 | 滑坡壁不高,草木少,有坍塌现象,有擦痕 |
| 滑坡平台 | 平台宽大,且已夷平 | 平台面积不大,有向下缓倾或后倾现象 |
| 滑坡前缘及滑坡舌 | 前缘斜坡较缓,坡上有河水冲刷过的痕迹,并堆积了漫滩阶地,河水已远离舌部,舌部坡脚有清澈泉水 | 前缘斜坡较陡,常处于河水冲刷之下,无漫滩阶地,有时有季节性泉水出露 |

（2）工程地质和水文地质条件对比

将滑坡地段的工程地质、水文地质条件与附近相似条件的稳定山坡进行对比，分析其差异性，从而判定其稳定性。

①下伏基岩呈凸形的，不易积水，较稳定；相反，呈勺形且地表有反坡向地形时易积水，不稳定。

②滑坡两侧及滑坡范围内同一沟谷的两侧，在滑动体与相邻稳定地段的地质断面少，详尽地对比描述各层的物质组成、组织结构、不同矿物含量和性质、风化程度和液性指数在不同位置上的分布等，借以判断山坡处于滑动的某一阶段及其稳定程度。

③分析滑动面的坡度、形状、与地下水的关系，软弱结构面的分布及其性质．以判定其稳定性及估计今后的发展趋势。

（3）滑动前的迹象及滑动因素的变化

分析滑动前的迹象，如裂缝、水泉复活、舌部鼓胀、隆起等，以及引起滑动的自然和人为因素，如切方、填土、冲刷等，研究下滑力与抗滑力的对比及其变化，从而判定滑坡的稳定性。

2．定量评价

作为滑坡防治工作重要组成部分的滑坡稳定性评价在近40年来取得了长足进步，滑坡稳定性评价方法不断丰富，特别是随着计算机技术的不断发展，计算精度得到了很大提高。就滑坡稳定性评价方法而言，主要分为三大类：一是弹塑性理论数值分析方法；二是基于刚体极限平衡理论的条分法；三是在此基础上发展起来的可靠度分析方法。尽管弹塑性理论数值分析方法和可靠度分析方法被广泛应用于滑坡稳定性分析，但至今条分法仍是工程上使用最多、最成熟的方法。目前，我国相关规程规范对滑坡稳定性评价的方法基本上都采用条分法。

（1）基本要求

滑坡稳定性定量分析计算主要是指滑坡稳定安全系数的计算及滑坡推力的计算。滑坡稳定性计算应符合下列要求：

①正确选择有代表性的分析断面，正确划分牵引段、主滑段和抗滑段。

②正确选用强度指标，宜根据测试结果、反分析和当地经验综合确定。

③有地下水时，应计入浮托力和水压力。

④根据滑动面（带）的条件，按平面、圆弧或折线，选用正确的计算模型。

⑤当有局部滑动可能时，除验算整体稳定外，尚应验算局部稳定。

⑥当有地震、冲刷、人类活动等影响因素时，应计入这些因素对稳定的影响。

滑坡稳定性评价应给出滑坡计算削面在设计工况下的稳定系数和稳定状态。

对每条纵勘探线和每个可能的滑面均应进行滑坡稳定性评价。除应考虑滑坡沿已查明的滑面滑动外，还应考虑沿其他可能的滑面滑动。应根据计算或判断找出所有可能的滑面及剪出口。对推移式滑坡，应分析从新的剪出口剪出的可能性及前缘崩塌对滑坡自稳性的影响；对牵引式滑坡，除应分析沿不同的滑面滑动的可能性外，还应分析前方滑体滑动后后方滑体滑动的可能性；对涉水滑坡尚应分析塌岸后滑坡稳定性的变化。滑坡稳定性计算最终结果所对应的滑动面应是已查明的滑面或通过地质分析及计算搜索确定的潜在滑面，不应随意假设。

（2）采用折线滑动法（传递系数法）计算滑坡稳定性

当滑动面为折线时（图3-1），滑坡稳定性分析可用如下公式计算稳定安全系数。

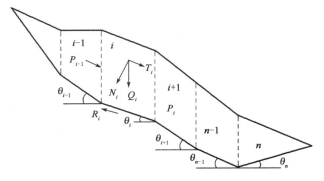

图 3-1　滑坡稳定系数计算

$$F_{\mathrm{s}} = \frac{\sum\limits_{i=1}^{n-1}\left( R_i \prod\limits_{j=1}^{n-1} \psi_j \right) + R_n}{\sum\limits_{i=1}^{n-1}\left( T_i \prod\limits_{j=1}^{n-1} \psi_j \right) + T_n} \tag{3-1}$$

$$\psi_j = \cos(\theta_i - \theta_{i+1}) - \sin(\theta_i - \theta_{i+1})\tan\varphi_{i+1}$$

$$\prod_{j=1}^{n-1} \psi_j = \psi_i \psi_{i+1} \psi_{i+2}, \cdots, \psi_{n-1}$$

$$R_i = N_i \tan\varphi_i + C_i l_i$$

$$T_i = W_i \sin\theta_i + P_{wi}\cos(\alpha_i - \theta_i)$$

$$N_i = W_i \cos\theta_i + P_{wi}\sin(\alpha_i - \theta_i)$$

$$W_i = V_{iu}\gamma + V_{id}\gamma' + F_i$$

$$P_{wi} = \gamma_{\mathrm{w}} i V_{id}$$

$$i = \sin|\alpha_i|$$

$$\gamma' = \gamma_{\mathrm{sat}} - \gamma_{\mathrm{w}}$$

式中：$F_{\mathrm{s}}$——滑坡稳定性系数；

$\theta_i$——第 $i$ 块段底面倾角，(°)，反倾时取负值；

$R_i$——第 $i$ 块段滑体抗滑力，kN/m；

$N_i$——第 $i$ 块段滑体在滑动面法线上的反力，kN/m；

$\varphi_i$——第 $i$ 块段滑带土的内摩擦角标准值，(°)；

$C_i$——第 $i$ 块段滑动面上岩土体的黏结强度标准值，kPa；

$l_i$——第 $i$ 块段滑动面长度，m；

$T_i$——第 $i$ 块段滑体下滑力，kN/m；

$\psi_j$——第 $j$ 块段的剩余下滑动力传递至 $i+1$ 块段时的传递系数，$j=i$；

$\alpha_i$——第 $i$ 块段地下水流线平均倾角，一般情况下取浸润线倾角与滑面倾角平均值，(°)，反倾时取负值；

$W_i$——第 $i$ 块段自重与建筑等地面荷载之和，kN/m；

$P_{wi}$——第 $i$ 块段单位宽度的渗透压力，作用方向倾角为 $\alpha_i$，kN/m；

$i$——地下水的水力坡度；

$\gamma_{\mathrm{w}}$——水的重度，取 10kN/m；

$V_{iu}$——第 $j$ 块段单位宽度岩土体的浸润线以上的体积，m³/m；

$V_{id}$——第 $i$ 块段单位宽度岩土体的浸润线以下的体积，$m^3/m$；

$\gamma$——岩土体的天然重度，$kN/m^3$；

$\gamma'$——岩土体的浮重度，$kN/m^3$；

$\gamma_{sat}$——岩土体的饱和重度，$kN/m^3$；

$F_i$——第 $i$ 块段所受地面荷载，$kN$。

滑坡稳定性系数计算方法均属于定值设计法的范畴，将不确定的因素和参数都定值化，把未知的不确定因素归结到安全系数上。滑坡及其治理工程对象为岩土，具有较大的自身天然变异性，失效控制原理极其复杂，其稳定安全系数选取须考虑力学指标测定条件、采用计算参数和方法的可靠性、治理工程的重要性和建设规模。当滑坡变形速率较大、失稳后危害大、治理工程失效后修复困难、滑面计算参数可靠性差（或采用峰值抗剪强度参数）时，宜采用较大安全系数。自然边坡稳定性评价可取较小安全系数。特殊荷载组合可适当降低安全系数。表3-4为《建筑边坡工程技术规范》（GB 50330—2013）对边坡稳定安全系数的规定。

边坡稳定安全系数 $K$                                                                          表3-4

| 边坡工程安全等级 | | 一级 | 二级 | 三级 |
|---|---|---|---|---|
| 永久边坡 | 一般工况 | 1.35 | 1.30 | 1.25 |
| | 地震工况 | 1.15 | 1.10 | 1.05 |
| 临时边坡 | | 1.25 | 1.20 | 1.15 |

预估未采取工程措施的滑坡在外界诱发因素（暴雨、水位暴涨暴落、地震等）作用下是否安全时，也可借助滑坡稳定系数降低值来评估安全性。取天然状态下稳定系数为1.0，反演计算参数，再据此计算滑坡在外界诱发因素作用下的稳定安全系数。若仍大于0.95，认为基本安全；若小于0.95，则认为很可能产生新的滑坡，宜采取工程措施，提高稳定系数。对目前已稳定的滑坡提高至1.10，目前欠稳定的滑坡提高至1.15～1.20，目前已在滑移的滑坡提高至1.25～1.30。

3. 滑坡推力的计算

滑坡推力为滑坡向下滑动的力与抵抗向下滑动的抗滑力之差，又称剩余下滑力，可为设计抗滑治理工程提供定量设计数据，也可用以评价判定滑坡的稳定性。当滑坡稳定系数 $F_s$ 小于要求的稳定安全系数 $K$，需计算滑坡支挡或加固所需外力时，按滑坡做整体运动考虑，不考虑各滑块间的挤压和拉裂作用。

（1）滑面为圆弧形时滑坡推力计算

$$F = (K_f - K_s) \sum (T_i \cos\alpha_i) \tag{3-2}$$

式中：$F$——滑坡推力，$kN$；

$K_f$——滑坡推力安全系数；

$K_s$——按圆弧滑动法计算得出的稳定系数；

$T_i$——第 $i$ 滑块重量在滑面切线方向的分力，$kN/m$；

$\alpha_i$——第 $i$ 块滑面与水平面间的倾角，$(°)$。

（2）滑面为单一平面时滑坡推力计算

$$F = K_f W \sin\alpha - (W \cos\alpha \tan\varphi + Cl) \tag{3-3}$$

式中:$W$——滑体重力,kN;

$\alpha$——滑面与水平面间的倾角,(°);

$l$——滑面长度,m;

$C$、$\varphi$——滑带上(面)的黏聚力,kPa;内摩擦角,(°)。

(3)滑面为折线时滑坡推力计算

$$F_i = \psi_i F_{i-1} + K_f W_i \sin\alpha_i - W_i \cos\alpha_i \tan\varphi_i + C_i l_i$$

$$\varphi_i = \cos(\alpha_{i-1} - \alpha_i)\alpha_i - \sin(\alpha_{i-1} - \alpha_i)\tan\varphi_i \tag{3-4}$$

式中:$F_i$——第 $i$ 滑块末端推力(滑坡剩余推力),kN;

$F_{i-1}$——第 $i$ 滑块的上一滑块($i-1$ 块)的滑坡剩余推力,为负时按零计算,kN;

$\psi_i$——滑坡推力传递系数;

$W_i$——第 $i$ 滑块的重力,位于地下水位面以下时应考虑渗透力作用,当计算滑动力时取饱和重度,计算抗浮力时取浮重度,kN;

$C_i$、$\varphi_i$——第 $i$ 滑块滑面土的黏聚力,kPa、内摩擦角,(°);

$l_i$——第 $i$ 滑块滑动面长度,m;

$\alpha_i$、$\alpha_{i-1}$——第 $i$ 和第 $i-1$ 块滑块滑面倾角,(°)。

在上述计算中,滑坡推力安全系数 $K_f$ 的取值见《建筑边坡工程技术规范》(GB 50330—2013)中相关规定:工程滑坡取 1.25;自然滑坡和工程滑坡中,破坏后果很严重且难以处理时取 1.25,较易处理时取 1.2;破坏后果严重的滑坡取 1.15;破坏后果不严重但难处理时取1.1,较易处理时取 1.05。

此外,推力分布及其作用点与滑坡的类型、部位、地层性质,滑坡变形情况有关。液性指数小、刚度较大和较密实的较完整岩层、黏聚力较大的上层滑体,或采用锚拉桩时,从顶层至底层的滑移速度大体一致,滑坡推力分布近似为矩形,推力作用点可取在滑体厚度的1/2处。液性指数较大、刚度较小和密实度不均匀的塑性滑体,例如以内摩擦角为主要抗剪特性的松散体、碎石类土堆积体滑移时靠近滑面的速度大于表层速度,滑坡推力分布近似为三角形,推力作用点取在滑体距滑面1/3 高度处。介于以上两种情况之间的滑坡推力分布可认为是梯形。土质滑坡推力一般远大于相应滑体高度产生的土压力,滑坡推力方向平行于该计算滑块的底滑面。当用于计算抗滑桩、挡墙承受的推力时,认为推力方向与紧挨桩、墙背的一段较长滑动面平行。

当滑体具有多层滑面时,应分别计算各滑动面的滑坡推力,取最大的推力作为设计控制值,并应使每层滑坡均满足稳定要求;选择平行滑动方向的断面不宜少于 3 条,其中 1 条应是主滑断面。

# 第三节  泥  石  流

**一、泥石流特点及其危害**

泥石流是山区常见的一种灾害性的泥沙集中搬运现象,属于固、液两相流体运动,是指斜坡上或沟谷中松散碎屑物质被暴雨或积雪、冰川消融水所饱和,在重力作用下,沿斜坡或沟谷

流动的介于崩塌滑坡和洪水之间的一种特殊洪流。

泥石流作为一种典型的山区地质灾害,其特点是:存在形成—输移—堆积三个发展阶段;爆发突然、来势凶猛,可携带巨大的石块;行进速度高,蕴含强大的能量,因而破坏性极大;活动过程短暂,一般只有几个小时,短的只有几分钟;具有季节性、周期性发生规律,一般发生在连续降雨、暴雨集中季节,且与暴雨、连续降水周期一致。

### 二、泥石流的勘察和评价

拟建工程场地或其附近有发生泥石流的条件并对工程安全有影响时,应进行专门的泥石流勘察。

泥石流勘察应在可行性研究或初步勘察阶段进行。应调查地形地貌、地质构造、地层岩性、水文气象等特点,分析判断场地及其上游沟谷是否具备产生泥石流的条件,预测泥石流的类型、规模、发育阶段、活动规律、危害程度等,对工程场地作出适宜性评价,提出防治方案的建议。

#### 1. 工程地质测绘和调查

泥石流勘察应以工程地质测绘和调查为主。测绘范围应包括沟谷至分水岭的全部地段和可能受泥石流影响的地段。测绘比例尺,对全流域宜采用1:50000,对中下游可采用1:2000～1:10000。工程地质测绘和调查的方法、内容除应符合一般要求外,应以下列与泥石流有关的内容为重点。

①冰雪融化和暴雨强度、一次最大降雨量、平均及最大流量、地下水活动等情况。

②地层岩性、地质构造、不良地质作用、松散堆积物的物质组成、分布和储量。

③地形地貌特征,包括沟谷的发育程度、切割情况、坡度、弯曲、粗糙程度,并划分泥石流的形成区、流通区和堆积区,圈绘整个沟谷的汇水面积。

④形成区的水源类型、水量、汇水条件、山坡坡度、岩层性质和风化程度;断裂,滑坡、崩塌、岩堆等不良地质作用的发育情况及可能形成泥石流的固体物质的分布范围、储量。

⑤流通区的沟床纵横坡度、跌水、急弯等特征,沟床两侧山坡坡度、稳定程度,沟床的冲淤变化和泥石流的痕迹。

⑥堆积区的堆积扇分布范围、表面形态、纵坡、植被、沟道变迁和冲淤情况;堆积物的物质、层次、厚度、一般粒径和最大粒径;判定堆积区的形成历史、堆积速度,估算一次最大堆积量。

⑦泥石流沟谷的历史,历次泥石流的发生时间、频数、规模、形成过程、暴发前的降雨情况和暴发后产生的灾害情况。

⑧开矿弃渣、修路切坡、砍伐森林、陡坡开荒和过度放牧等人类活动情况。

⑨当地防治泥石流的经验。

#### 2. 泥石流沟的识别

能否产生泥石流可从形成泥石流的条件分析判断。已经发生泥石流的流域,可从下列几种现象来识别:

①中游沟身常不对称,参差不齐,往往凹岸发生冲刷坍塌,凸岸堆积成延伸不长的"石堤",或凸岸被冲刷,凹岸堆积,有明显的截弯取直现象。

②沟槽经常大段地被大量松散固体物质堵塞,构成跌水。

---

③沟道两侧地形变化处、各种地物上、基岩裂缝中,往往有泥石流残留物、擦痕、泥痕等。

④由于多次不同规模泥石流的下切淤积,沟谷中下游常有多级阶地,在较宽阔地带常有垄岗状堆积物。

⑤下游堆积扇的轴部一般较凸起,稠度大的堆积物扇角小,呈丘状。

⑥堆积扇上沟槽不固定,扇体上杂乱分布着垄岗状、舌状、岛状堆积物。

⑦堆积的石块均具尖锐的棱角,粒径悬殊,无方向性,无明显的分选层次。

上述现象不是所有泥石流地区都具备的,调查时应多方面综合判定。

**3.勘探测试工作**

当工程地质测绘不能满足设计要求或需要对泥石流采取防治措施时,应进行勘探测试,进一步查明泥石流堆积物的性质、结构、厚度、密度,固体物质的含量、最大粒径,泥石流的流速、流量、冲出量和淤积量。这些指标是判定泥石流类型、规模、强度、频繁程度、危害程度的重要依据,也是工程设计的重要参数。

**4.泥石流地区工程建设适宜性评价**

泥石流地区工程建设适宜性评价,一方面应考虑泥石流的危害性,确保工程安全,不能轻率地将工程设在有泥石流影响的地段;另一方面也不能认为,凡属泥石流沟谷均不能兴建工程,而应根据泥石流的规模、危害程度等区别对待。

下面根据泥石流的工程分类(表3-5),分别考虑工程建设的适宜性:

泥石流的工程分类和特征 表3-5

| 类别 | 泥石流特征 | | 流域特征 | 亚类 | 严重程度 | 流域面积(km²) | 固体物质一次冲出量(10⁴m³) | 流量(m³/s) | 堆积区面积(km²) |
|---|---|---|---|---|---|---|---|---|---|
| Ⅰ类 高频率泥石流沟 | 基本上每年均有泥石流发生。固体物质主要来源于沟谷的滑坡、崩塌。暴雨强度小于2~4mm/10min。除岩性因素外,滑坡、崩塌严重的沟谷多发生黏性泥石流,规模大,反之多发生稀性泥石流,规模小 | 多位于强烈抬升区,岩层破碎,风化强烈,山体稳定性差。泥石流堆积新鲜,无植被或仅有稀疏草丛。黏性泥石流沟中下游沟床坡度大于4% | Ⅰ₁ | 严重 | >5 | >5 | >100 | >1 | |
| | | | Ⅰ₂ | 中等 | 1~5 | 1~5 | 30~100 | <1 | |
| | | | Ⅰ₃ | 轻微 | <1 | <1 | <30 | — | |
| Ⅱ类 低高频率泥石流沟 | 暴发周期一般在10年以上。固体物质主要来源于沟床,泥石流发生时"揭床"现象明显。暴雨时坡面产生的浅层滑坡往往是激发泥石流形成的重要因素。暴雨强度一般大于4mm/10min,规模一般较大,性质有黏有稀 | 山体稳定性相对较好,无大型活动性滑坡、崩塌。沟床和扇形地上巨砾遍布,植被较好。沟床内灌木丛密布。扇形地多已辟为农田。黏性泥石流沟中下游沟床坡度小于4% | Ⅱ₁ | 严重 | >10 | >5 | >100 | >1 | |
| | | | Ⅱ₂ | 中等 | 1~10 | 1~5 | 30~100 | <1 | |
| | | | Ⅱ₃ | 轻微 | <1 | <1 | <30 | — | |

注:1.表中流量对高频率泥石流指百年一遇流量,对低频率泥石流指历史最大流量。

2.泥石流的工程分类宜采用野外特征与定量指标相结合的原则,定量指标满足其中一项即可。

①Ⅰ₁类和Ⅱ₁类泥石流沟谷规模大,危害性大,防治工作困难且不经济,故不能作为各类工程的建设场地,各类线路宜避开。

②Ⅰ₂类和Ⅱ₂类泥石流沟谷不宜作为工程场地,当必须利用时,应采取治理措施;线路应避免直穿堆积扇,可在沟口设桥(墩)通过。

③Ⅰ₃类和Ⅱ₃类泥石流沟谷可利用其堆积区作为工程场地,但应避开沟口;线路可在堆积扇通过,可分段设桥和采取排洪、导流措施,不宜改沟、并沟。

④当上游大量弃渣或进行工程建设,改变了原有供排平衡条件时,应重新判定产生新的泥石流的可能性。

**5.泥石流岩土工程勘察报告**

泥石流岩土工程勘察报告的内容除应符合《岩土工程勘察规范》(GB 50021—2001)(2009年版)的一般要求外,应重点阐述下列问题:

①泥石流的地质背景和形成条件。

②形成区、流通区、堆积区的分布和特征,绘制专门工程地质图。

③划分泥石流类型,评价其对工程建设的适宜性。

④泥石流防治和监测的建议。

### 三、泥石流的防治

**1.预防措施**

①水土保持。植树造林,种植草皮,退耕还林,以稳固土壤不受冲刷,不流失。

②坡面治理。包括削坡、挡土、排水等,以防止或减少坡面岩土体和水参与泥石流的形成。

③坡道整治。包括固床工程,如拦沙坝、护坡脚、护底铺砌等;调控工程,如改变或改善流路、引水输沙、调控洪水等,以防止或减少沟底岩土体的破坏。

**2.治理措施**

①拦截措施。在泥石流沟中修筑各种形式的拦渣坝,如拦沙坝、石笼坝、格栅坝及停淤场等,用以拦截或停积泥石流中的泥沙、石块等固体物质,减轻泥石流的动力作用。

②滞流措施。在泥石流沟中修筑各种位于拦渣坝下游的低矮拦挡坝,当泥石流漫过拦渣坝顶时,拦蓄泥沙、石块等固体物质,减小泥石流的规模;固定泥石流沟床,防止沟床下切和拦渣坝体坍塌、破坏;减缓纵坡坡度,减小泥石流流速。

③排导措施。在下游堆积区修筑排洪槽、急溅槽、导流堤等设施,以固定沟槽,约束水流,改善沟床平面等。

# 第四节 采 空 区

### 一、采空区的基本概念和危害

人类在大面积采挖地下矿体或进行其他地下挖掘后所形成的地下矿坑或洞穴称为采空

区。采空区根据开采形成时间可分为老采空区、现采空区和未来采空区。老采空区是指历史上已经开采过、现已停止开采的采空区;现采空区是指正在开采的采空区;未来采空区是指计划开采而尚未开采的采空区。又根据采空程度可分为小型采空区和大面积采空区。

由于地下矿体的开发形成采空区,往往导致矿体顶板岩层失去支撑而产生平衡破坏,导致岩层位移和塌陷,严重危害地面建(构)筑物、道路、桥梁、市政工程、军用设施等工程的安全使用。在我国大部分煤矿开采区常发生采空区灾害。近几十年来,随着生产技术的进步和发展,采取了采矿保护措施和地面建筑保护措施,采空区灾害得到了有效的缓解和治理。

**二、采空区的地表变形特征和影响因素**

采空区的地表变形多为地表塌陷或开裂。地表塌陷逐步发展,最终会形成移动盆地。

小型采空区主要是因为掏煤、淘沙、采金、采水、挖墓、采窑、地窖等人类活动而形成的,其规模不大,多以坑道、巷道等形式出现,其采空范围狭窄,开采深度浅,不会形成移动盆地,但如果任其发展,则地表变化剧烈。地表裂缝分布常与开采面工作面平行,随开采工作面的推进而不断向前发展;其裂缝宽度一般上宽下窄,无显著位移。

大型采空区的变形主要是在地表形成移动盆地,即位于采空区上方。当地下采空后,随之产生地表变形形成凹地,随着采空区不断扩大,凹地不断发展成凹陷盆地,称为移动盆地。地表移动盆地范围比采空区大得多,其位置和形状与矿层的倾角大小有关。矿层倾角平缓时,地表移动盆地位于采空区正上方,形状对称于采空区矿层倾角较大时,盆地在沿矿层走向方向仍对称于采空区,而沿倾斜方向,移动盆地与采空区的关系是非对称的,随倾角的增大,盆地中心向倾向方向偏移。

根据移动盆地变形情况,在水平面上划分,移动盆地自中心向两边缘可分为 3 个区,即中间区(中间下沉区)、内边缘区(移动区或危险变形区)和外边缘区(轻微变形区),见图3-2。

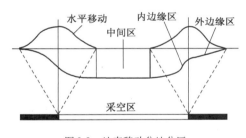

图3-2　地表移动盆地分区

中间区为移动盆地中心平底部分;内边缘区则变形较大且不均匀,对地表建筑破坏作用较大;外边缘区变形较小,一般对建筑不起损坏作用,以地表下沉 10mm 为标准,划分其外围边界。

从垂直方向来看,大面积地下采空区上部变形总的过程是自下而上逐渐发展为漏斗状沉落,其变形区分为 3 个带:

(1)冒落带(崩落带):采空区顶板塌落形成,厚度 h 一般为采空厚度的 3~4 倍。

$$h = \frac{m}{(k-1)\cos\alpha} \tag{3-5}$$

式中:h——冒落带厚度,m;

　　 m——采空区厚度,m;

　　 k——岩石松散系数,取 1.3;

　　 α——岩层倾角,(°)。

(2)裂隙带(破裂弯曲带)。处于冒落带之上,产生较大的弯曲和变形,厚度一般为采矿厚

度的 12～18 倍(矿层顶板向上的厚度)。

(3)弯曲带(不破裂弯曲带)。裂隙带顶面到地面的厚度。

### 三、采空区勘察要点

#### 1.勘察总则和要求

采空区勘察应查明老采空区上覆岩层的稳定性,预测现采空区和未来采空区的地表移动、变形的特征和规律性,判定其作为工程场地的适宜性。

采空区的勘察宜以收集资料、调查访问为主,并应查明下列内容:

①矿层的分布、层数、厚度、深度、埋藏特征和上覆岩层的岩性、构造等。

②矿层开采的范围、深度、厚度、时间、方法和顶板管理,采空区的坍落、密实程度、空隙和积水等。

③地表变形特征和分布,包括地表塌陷坑、台阶、裂缝的位置、形状、大小、深度、延伸方向及其与地质构造、开采边界,与工作面推进方向的关系等。

④地表移动盆地的特征:其划分为中间区、内边缘区和外边缘区,确定地表移动和变形的特征值。

⑤采空区附近的抽水和排水情况及其对采空区稳定的影响。

⑥收集建筑物变形和防治措施的经验。

对老采空区和现采空区,当工程地质调查不能查明采空区的特征时,应进行物探和钻探。

对现采空区和未来采空区,应通过计算预测地表移动和变形的特征值,计算方法可按现行标准《建筑物、水体、铁路及主要井巷煤柱留设与压煤开采规程》执行。

#### 2.采空区建筑适宜性评价

(1)下列地段不宜作为建筑场地:

①在开采过程中可能出现非连续变形地段(地表产生台阶、裂缝、塌陷坑等)。

当采深采厚比 $H/m$ 小于 25～30,或 $H/m$ 大于 25～30 但地表覆盖层很薄且采用高落式等非正规开采方法或上覆岩层受地质构造破坏时,地面将出现大的裂缝或塌陷坑,易出现非连续的地表移动和变形。

②处于地表移动活跃地段。

③特厚矿层和倾角大于 55°的厚矿层露头地段。

④由于地表移动和变形,可能引起边坡失稳和山崖崩塌的地段。

⑤地下水位深度小于建筑物可能下沉量与基础埋深之和的地段。

⑥地表倾斜大于 10mm/m,地表水平变形大于 6mm/m 或地表曲率大于 $0.6\text{mm/m}^2$ 的地段。

(2)下列地段作为建筑场地时,其适宜性应专门研究:

①采空区采深采厚比 $H/m$ 小于 30 的地段。

②采深小( $H$ 小于 50m 地段),上覆岩层极坚硬,并采用非正规开采方法的采空地段。

③地表倾斜为 3～10mm/m,地表曲率为 0.2～0.6mm/m² 或地表水平变形为 2～6mm/m

的地段。

④老采空区可能活化或有较大残余影响的地段。

（3）下列地段为相对稳定区,可以作为建筑场地:

①已达充分采动,无重复开采可能的地表移动盆地的中间区。

②预计的地表变形值小于下列数值的地段:地表倾斜 3mm/m,地表曲率 0.2mm/m², 地表水平变形 2mm/m。

# 第五节  高地震烈度场地

地震是地壳表层因弹性被传播所引起的震动。地震发生的原因有多种,但世界上绝大多数地震是由地壳运动引起的构造地震,它一般发布在活动构造带中。强烈的地震常伴随着地面变形、地层错动和房倒屋塌。在强烈地震的影响范围内,当人口稠密、工程建筑集中时,将会产生灾难性的后果。强震区或高烈度地震区,是指抗震设防烈度大于或等于 7 度的地区。

## 一、抗震设计原则和建筑物抗震措施

### 1. 建筑场地的选择

强震区建筑物场地的选择是强震区岩土工程勘察的重要任务。为做好此项工作,必须在岩土工程勘察的基础上进行综合分析,然后选出抗震性能好、震害最轻的地段作为建筑场地。同时应指出场地对抗震的有利和不利条件,提出建筑物抗震措施的建议。

选择建筑场地时应注意以下几点:

①尽可能避开强烈震动效应和地面效应的地段作场地或地基。属此情况的有:淤泥土层、饱水粉细砂层、厚填土层以及可能产生不均匀沉降的地基。

②避开活动性断裂带和活断裂有联系的断层,尽可能避开胶结较差的大断裂破碎带。

③避开不稳定的斜坡或可能会产生斜坡效应的地段,例如,已有崩塌、滑坡发生的地段、陡山坡及河坎旁。

④避免将孤立突出的地形位置作建筑场地。

⑤尽可能避开地下水位埋深过浅的地段作建筑场地。

⑥岩溶地区存在浅埋大溶洞时,不宜做建筑场地。

对抗震有利的建筑场地条件应该是:地形平坦开阔;基岩或密实的硬土层;无活动断裂和大断裂破碎带;地下水位埋深较大;崩塌、滑坡、岩溶等不良地质现象不发育。

### 2. 持力层和基础方案的选择

场地选定后就要为各类建筑选择适宜的持力层和基础方案。图 3-3 所示为日本东京根据建筑物上部结构选择持力层和基础形式的情况,可做参考。高层建筑的基础必须砌置于坚硬地基上,并以多层地下室的箱形基础箱—桩基础或桩(墩)基础为好。在中等密实的土层上,一般多层建筑采用各种浅基础即可;在可能液化和震陷的上层,宜采用筏式或箱形基础,重要建筑应采用桩基础,也可进行地基处理预先加固。

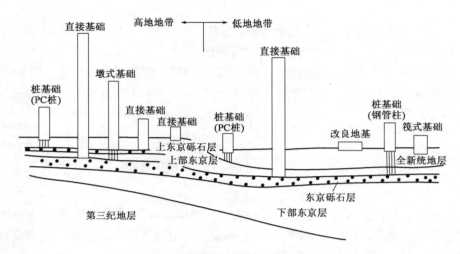

图 3-3　日本东京的地基和建筑物基础形式

3. 建筑物结构形式的选择及抗震措施

强震区房屋建筑与构筑物的平面和立面应力求简单方整,尽量使其质量中心与刚度中心重合,避免不必要的凸凹形状。若必须采用平面转折或立面层数有变化的形式,应在转折处或连接处留抗震缝。结构上应尽量做到减轻重量、降低重心、加强整体性,并使各部分构件之间有足够的刚度和强度。

我国城乡低层和多层建筑物广泛采用的是木架结构和砖混承重墙结构。木架结构侧向刚度很差,地震时极易发生倾斜及散架落顶。其抗震措施主要是采用角撑、铁夹板等加强侧向刚度和整体性。砖混承重墙结构整体性差,强震时混凝土预制楼盖板极易从墙上脱落;还有,砌筑砖墙的灰浆在水平地震力作用下也会发生剪切错开。抗震措施主要有:每隔一定高度在灰缝内配置拉接钢筋;楼盖板周围设置圈梁,盖板与圈梁之间最好锚固起来;外墙的四角及其他部位用竖筋补强,并使之与圈梁及基础固定;用优质灰浆砌筑墙体。

强震区的高层建筑应采用侧向刚度大的结构体系。一般高层建筑可采用框架结构和剪力墙结构体系,超高层建筑采用筒式结构体系。烟囱、水塔高度在 40m 以上的,必须采用钢筋混凝土结构;40m 以下的可砖砌,但要配置圈梁和竖向钢筋,并将它们锚固起来。高耸的电视塔则应采用整体性和强度均很高的钢骨结构体系。

## 二、场地和地基的工程地震分析评价

1. 场地和场地土类别及其划分

在抗震设防烈度为大于或等于 6 度的地区,应划分场地和场地土类别,其划分方法在国家标准《建筑抗震设计规范》(GB 50011—2010)中有明确规定。

在强震区选择建筑场地是具有全局意义的,应切实做好此项工作。应选择对建筑物抗震有利的地段,避免不利的地段,并不宜在危险地段建造甲、乙、丙类建筑物。各地段的划分见表3-6。

**各类地段的划分表**　　　　　　　　　　　　　　　表3-6

| 地 段 类 别 | 地质、地形、地貌 |
|---|---|
| 有利地段 | 稳定基岩,坚硬土、开阔、平坦、密实、均匀的中硬土等 |
| 一般地段 | 不属于有利、不利和危险地段 |
| 不利地段 | 弱软土,液化土,条状突出的山嘴,高耸孤立的山丘,陡坡,陡坎,河岸和边坡的边缘。平面分布上成因、岩性、状态明显不均匀的土层(含古河道、疏松的断层破碎带、暗埋的塘浜沟谷及半填半挖地基),高含水率的可塑黄土,地表存在结构性裂缝等 |
| 危险地段 | 地震时可能发生滑坡、崩塌、地陷、地裂、泥石流等及发震断裂带上可能发生地表位错的部位 |

场地土的类型根据岩土层的类型和性质、剪切波速度和地基承载力划分为五类(表3-7)。

**土的类型划分和剪切波速范围**　　　　　　　　　表3-7

| 场地土类型 | 岩 土 名 称 和 性 状 | 土层剪切波速度范围(m/s) |
|---|---|---|
| 岩石 | 坚硬、较硬且完整的岩石 | $v_s > 800$ |
| 坚硬土或软质岩石 | 破碎或较破碎的岩石或较软的岩石,密实的碎石土 | $800 \geqslant v_s > 500$ |
| 中硬土 | 中密、稍密的碎石土,密实、中密的砾、粗、中砂,$f_{ak} > 150$ 的黏性土和粉土 | $500 \geqslant v_s > 250$ |
| 中软土 | 稍密的砾、粗、中砂,除松散外的细粉砂,$f_{ak} \leqslant 150$ 的黏性土和粉土,$f_{ak} > 130$ 的填土,可塑新黄土 | $250 \geqslant v_s > 150$ |
| 软弱土 | 淤泥和淤泥质土,松散的砂,新近沉积的黏性土和粉土,$f_{ak} \leqslant 130$ 的填土,流塑黄土 | $v_s \leqslant 150$ |

注:$f_{ak}$ 为由载荷试验等方法得到的地基承载力特征值,kPa;$v_s$ 为岩土剪切波速。

然后,根据土层有效剪切波速和场地覆盖层厚度按表3-8划分为四类,其中Ⅰ类分为Ⅰ$_0$、Ⅰ$_1$ 两个亚类。当有可靠的剪切波速和覆盖层厚度且其值处于表3-8所列场地类别的分界线附近时,应允许按插值方法确定地震作用计算所用的特征周期。

**各类建筑场地的覆盖层厚度**(单位:m)　　　　　表3-8

| 岩石的剪切波速度或土的有效剪切波速(m/s) | 场 地 类 别 | | | | |
|---|---|---|---|---|---|
| | Ⅰ$_0$ | Ⅰ$_1$ | Ⅱ | Ⅲ | Ⅳ |
| $v_s > 800$ | 0 | | | | |
| $800 \geqslant v_s > 500$ | | 0 | | | |
| $500 \geqslant v_s > 250$ | | < 5 | ≥5 | | |
| $250 \geqslant v_s > 150$ | | < 3 | 3 ~ 50 | > 50 | |
| $v_s \leqslant 150$ | | < 3 | 3 ~ 15 | 15 ~ 80 | > 80 |

注:表中 $v_s$ 为岩石的剪切波速。

**2. 地基抗震稳定性**

**天然地基承载力验算**

在工程实践中,地震作用下天然地基承载力验算方法有两种。

①拟静力计算法。将地震荷载作为等效静荷载,直接与建筑物原有荷载叠加,作为附加荷载共同作用于地基上。为保证安全,地基承载力必须大于此附加荷载。此外,由于设计地震仅

是一种概率性的估计,而地基土在建筑物施工完成和使用的若干年代中有一定的加密作用,所以应考虑承载力有所提高的情况。验算地基承载力的关系式为:

$$[R]' = C[R] > p_0(1 + K_v) \tag{3-6}$$

式中:$[R]'$——考虑竖向地震力作用时地基的承载力;

$\quad$ $[R]$——地基在静荷载作用下的允许承载力;

$\quad$ $C$——大于 1 的经验修正系数;

$\quad$ $p_0$——基底的平均压力;

$\quad$ $K_v$——竖向地震系数。

竖向地震系数按我国的习惯,通常采用水平地震系数 $1/2 \sim 1/3 [K_v = (1/2 \sim 1/3)K_c]$。然而,有些强震的震中区,由于竖向加速度很大,竖向地震系数可接近甚至超过水平地震系数。

《建筑设计抗震规范》规定,天然地基基础抗震验算时,地基土抗震承载力按式(3-7)计算:

$$F_{SE} = \xi_S f_S \tag{3-7}$$

式中:$f_{SE}$——调整后的地基土抗震承载力设计值;

$\quad$ $\xi_S$——地基土抗震承载力的调整系数,应按表3-9采用;

$\quad$ $f_S$——地基土静承载力设计值。

地基土抗震承载力的调整系数 表 3-9

| 岩 土 名 称 和 性 状 | $\xi_a$ |
|---|---|
| 岩石,密实的碎石土,密实的砾、粗、中砂,$f_{ak} \geqslant 300$ 的黏性土和粉土 | 1.5 |
| 中密、稍密的碎石土,中密和稍密的砾、粗、中砂,密实和中密的细、粉砂,$150\text{kPa} \leqslant f_k \leqslant 300\text{kPa}$ 的黏性土和粉土,坚硬黄土 | 1.3 |
| 稍密的细、粉砂 $100\text{kPa} \leqslant f_k < 150\text{kPa}$ 的黏性土和粉土,可塑黄土 | 1.1 |
| 淤泥,淤泥质土,松散的砂,杂填土,新近堆积黄土及流塑黄土 | 1.0 |

②强度折减法。考虑地基上的抗剪强度在地震荷载作用下将有所降低,因此在计算承载力时一方面可以加大安全系数,另一方面也可以减小土的内摩擦力和黏聚力。根据经验,对于浅基础可用下式计算地基极限承载力 $q$:

砂类土

$$q = \gamma_0 D N_D + 0.5\gamma B N_B \tag{3-8}$$

黏性土

$$q = 5.5c + \gamma_0 D \tag{3-9}$$

式中:$\gamma_0$、$\gamma$——基础底面以上及以下的重力密度;

$\quad$ $D$——基础砌置深度;

$\quad$ $B$——基础底面宽度;

$\quad$ $c$——基底下土的黏聚力;

$\quad$ $N_D$、$N_B$——太沙基的承载力系数,随土层的内摩擦角 $\varphi$ 而定,在地震作用下的 $\varphi$ 值可按下式消减修正:

$$\varphi' = \varphi - \tan^{-1} K_c / (1 - K_v) \tag{3-10}$$

式中：$\varphi'$——削减修正后的地基土的内摩擦角；

　　　$\varphi$——土的天然内摩擦角；

　　　$K_c$——水平地震系数；

　　　$K_v$——竖向地震系数。

### 三、场地岩土工程勘察要点

**1. 勘察要求**

强震区场地的岩土工程勘察应预测调查场地、地基可能发生的震害。根据工程的重要性、场地条件及工作要求分别予以评价，并提出合理的工程措施。其具体要求如下。

①确定场地土的类型和建筑场地的类别，并划分对建筑抗震有利、不利或危害的地段。

②场地与地基应判别液化，并确定液化程度（等级），提出处理方案。可能发生震陷的场地与地基，应判别震陷并提出处理方案。

③对场地的滑坡、崩塌、岩溶、采空区等不良地质现象，在地震作用下的稳定性进行评价。

④缺乏历史资料和建筑经验的地区，应提出地面峰值加速度、场地特征周期、覆盖层厚等参数。对需要采用时程分析法计算的重大建筑，应根据设计要求提供岩土的有关动参数。

⑤重要城市和重大工程应进行断裂勘察。必要时宜作地震危害性分析或地震小区划和震害预测。

**2. 历史地震调查**

历史地震的勘查是强震区地震工程勘察的重要内容之一。因为已遭受强震侵袭过的城市或建筑场地相当于在天然实验室中进行 1∶1 的现场试验，可以为抗震设计提供极有价值的资料。

历史地震勘察以宏观震害调查为主。在工作中，不仅在震中区需要重点调查近场震害，对远场波及区也要给予注意。在方法上，不仅要注意研究场地条件与震害的关系，而且还要研究其震害发生的机制及过程，并评价其最终结果。在进行场地调查的同时，还需要作必要的勘探测试工作。其目的在于查明地而震害与地下岩土的类型、地层结构及古地貌特征等各方面的关系，用以指导未来的抗震设防工作。

宏观震害调查包括：不同烈度区的宏观震害标志，地表永久性不连续变形（断裂、地裂缝），地震液化，震陷和崩塌，滑坡等。

**3. 工程场地勘察**

工程场地若未知地震地质情况和历史地震资料时，勘察工作的首要任务是为了选址，其次要对场地设计地震动参数做出估计，最后为进行场地地基基础及其上部结构相互作用下的动力反应，分析测求各项动力参数，为完成上述任务，需要开展系统的勘察工作。

勘察的内容包括：场地条件的研究（地形地貌条件，地表、地下的岩土类型和性质，断裂、地下水等）；地基液化可能性的判定；震陷和不均匀沉陷；地震滑移的可能性；最大概率地震及其基岩加速度等。为了研究地基与结构物在一定概率的地震袭击下的相互作用，需通过勘探测试工作，测求各项工程参数。

### 四、地震液化

松散饱水的土体在地震和动力荷载等作用下,受到强烈振动而丧失抗剪强度,土颗粒处于悬浮状态,致使地基失效的现象,称为振动液化。由于这种现象多发生在砂土地基中,所以又称之为砂土液化。地震导致的砂土液化往往是区域性的,我国邢台、海城和唐山的三次大地震,皆造成了大范围的砂土液化,使各类地面工程设施遭受破坏。所以地震液化是岩土工程和工程地质学的重要研究课题之一。

地震液化现象多发生在海滨、湖岸和冲积平原区,这些地区结构较松散(软)的砂土和粉土分布较广。地震液化造成了地面下沉、地表塌陷、地面流滑以及地基土承载力丧失等宏观震害现象,它们对各类工程设施皆有危害性。

#### 1. 地震液化的机理

我们知道,饱水砂土由于孔隙水压力的作用,其抗剪强度低于干砂的抗剪强度:

$$\tau = (\sigma - p_{w0})\tan\varphi = \sigma_0\tan\varphi \tag{3-11}$$

式中:$\sigma$、$\sigma_0$——总法向应力和有效法向应力;

$\quad p_{w0}$——孔隙水压力;

$\quad \tan\varphi$——砂土的内摩擦系数。

在地震过程中,饱水砂土在地震力反复作用下,砂粒间相互位置调整而逐渐趋于密实。砂土要变密实就势必排水。在急剧变化的周期性荷载作用下,随着砂土的变密实,透水性越来越差而排水不畅。前一周期尚未完成排水,后一周期的振密又产生了,应排出的水来不及排走,而水又是不可压缩的,于是就产生了附加孔隙水压力(又称超孔隙水压力)。此时砂土的抗剪强度为:

$$\tau = [\sigma - (p_{w0} + \Delta p_w)]\tan\varphi = (\sigma - p_w)\tan\varphi \tag{3-12}$$

式中:$\Delta p_w$——附加孔隙水压力;

$\quad p_w$——总孔隙水压力。显然,此时砂土的抗剪强度进一步降低。随着振动持续时间增长,附加孔隙水压力不断地增大,而使砂土的抗剪强度不断降低,甚至丧失殆尽。一旦当砂土的抗剪强度完全丧失时(此时总孔隙水压力完全抵消总法向应力),砂土颗粒间将脱离接触而处于悬浮状态,甚至地面出现喷砂冒水现象。

在工程实践中,一般都采用砂土的抗剪强度 $\tau$ 与作用于该土体上的往复剪应力 $\tau_d$ 的比值来判定砂土是否发生液化。当 $\tau > \tau_d$($\tau/\tau_d > 1$)时,不会产生液化;当 $\tau = \tau_d$($\tau/\tau_d = 1$)时,处于临界状态,砂土开始剪切破坏,此时也称初始液化状态;当 $\tau < \tau_d$($\tau/\tau_d < 1$)时,砂土的剪切破坏加剧;而当 $\tau/\tau_d = 0$ 时(有效法向应力及抗剪强度均下降为零),即为完全液化状态。由于从初始液化状态至完全液化状态往往发展很快,两者界线不易判断,为了保证安全,可将初始液化视作液化。

为了探索液化的形成过程和机理,国内外学者取不同松密程度的饱水砂样进行室内三轴动力剪切试验。发现随着动荷载循环周期数的增加,松砂剪切迅速增大,不久即完全液化,而密砂则变形缓慢,难于完全液化。

当发生液化时,在液化砂层的某一深度($Z$)处超孔隙水压力究竟多大呢?若地下水面表面一致时,在($Z$)处的总孔隙水压力 $p_w = p_{w0} + \Delta p_w = \sigma$,其中 $\sigma = \rho_m gz$,$p_{w0} = \rho_w wz$($\rho_m$、$\rho_w$ 分别为

砂土的饱和密度和水的密度，$g$ 为重力加速度），则 $\Delta p_w = (\rho_m - \rho_w)gz = \rho gz$（$\rho$ 为砂土的浮密度）。显然，砂土的深度越大，完全液化时超孔隙水压力就越大。当地有不透水的黏性土盖层时，完全液化时超孔隙水压力就更大。而且盖层越厚，其隔水性越强，一旦液化时，喷砂冒水现象就越加强烈。

**2. 影响地震液化的因素**

对国内外大量资料的分析表明，影响地震液化的因素主要有：土的类型和性质，液化土体的埋藏分布条件以及地震动的强度和历时。

（1）土的类型和性质是地震液化的物质基础。宏观考察表明，细砂土和粉砂土最易液化，但随着地震烈度的增高，粉土、中砂土等也会发生液化。

根据我国一些地区液化土层的统计资料，最易发生液化的粒度组成特征值是：平均粒径（$d_{50}$）为 0.02 ~ 0.10mm，不均粒系数（$C_u$）为 2 ~ 8，黏粒含量 < 10%。

粉、细砂土最容易液化的首要原因是这类土的颗粒细小而均匀，透水性较弱，但又不具黏聚力或黏聚力很弱，在振动作用下极易形成较高的超孔隙水压力；其次是这类土的天然孔隙比与最小孔隙比的差值（$e - e_{\min}$）往往较大，地震变密时有可能排挤出更多的孔隙水。相比之下，其他土类是难以液化的。

砂土的密实程度也是影响液化的主要因素之一。室内动三轴试验已证实松砂极易液化而密砂则不易液化。一般的情况是：相对密度 $D_r < 50\%$ 的砂土在振动作用下很快液化；$D_r > 80\%$ 时不易液化。据海城地震的资料，当砂土的 $D_r > 55\%$ 时 7 度区不发生液化；$D_r > 70\%$ 时 8 度区也不发生液化。

除了土的粒度成分和密实程度外，饱水砂土的成因和堆积年代对液化的影响也不容忽视。一般大范围地震液化的地区，多为沉积年代较新的滨海平原、河口三角洲和河流堆积物区，一般土体结构疏松，地下水埋藏很浅。例如，1976 年唐山大地震引起的大范围液化区，主要在冀东平原一带，其中又以滦河口三角洲为主，松散堆积物绝大多数是新石器时代（距今 4000 ~ 5000 年）以来形成的。

（2）液化土体的埋藏分布条件由地震液化机理的讨论可知：疏松砂层埋藏越浅，上覆不透水的黏性土盖层越薄，地下水位埋深越小时，液化所需的超孔隙水压力就越小，即越易发生地震液化。液化土体的埋藏分布是发生地震液化的重要条件。

根据我国几处地震液化统计的资料，一般饱水砂层埋深大于 15 ~ 20m 时难于液化。也有人认为从土层侧压力考虑，该值越大，则越不易液化。此外，当地下水埋深大于 5m 时，液化现象极少，所以在抗震规范中，饱水砂层和地下水的埋深是判别地震液化的重要因素。

（3）地震动的强度和历时是砂土液化的动力来源。显然，地震越强，历时越长，则越易引起液化作用；而且波及范围越广，破坏越严重。根据大量的观测统计资料可知，地震烈度越高，可液化土层的平均粒径 $d_{50}$ 范围越大，砂土的相对密度（$D_r$）值也越大。一般在 6 度以下地区很少有液化现象，而且随着烈度增高，可液化土层的 $d_{50}$ 范围越大。但是，根据我国海城和唐山两次大地震观测结果表明，在烈度很高的极震区由于地震以垂直分量为主，不易形成过大的超孔隙水压力，液化现象反而轻微，甚至无液化现象。

关于地震强度与液化范围的关系，也是由统计得出的。美国地质调查局的学者 T.G.尤德

根据世界各地的地震液化资料统计,获得了如下关系式:

$$\lg R = 0.87M - 4.5 \qquad (3-13)$$

式中:$M$——震级,一般 $M > 6$;

    $R$——液化最远点的震中距,km。

确切评价液化的地震动强度条件需实测地震最大地面加速度,据此计算地下某一深度处产生的实际剪应力,再用以判定该深度处的土体是否会发生液化。

美国学者 H. B. 希德等提出的半经验计算公式是:

$$\tau_a = 0.65\gamma h \frac{a_{\max}}{g}\zeta \qquad (3-14)$$

式中:$\tau_a$——土内任一深度处的平均剪应力;

    $\gamma$、$h$——液化土层的天然密度和深度;

    $a_{\max}$——最大地面加速度;

    $g$——重力加速度;

    $\zeta$——折减系数,在深度小于 12 时可查表获得(表 3-10)。

$\zeta$ 的 平 均 值     表 3-10

| 深度(m) | 1 | 1.5 | 3 | 4.5 | 7.5 | 9 | 10.5 | 12 |
|---|---|---|---|---|---|---|---|---|
| $\zeta$ | 1.00 | 0.985 | 0.975 | 0.965 | 0.935 | 0.915 | 0.895 | 0.856 |

求得的平均剪应力越大,土层液化的可能就越大。液化的具体判定在下一小节内讨论。地震持续时间的长短,直接影响超孔隙水压力的累积叠加。一般情况是:随震动持续时间延长,将引起超孔隙水压力不断累积上升,发生液化的可能性就越大,所以,即使地震剪应力大小相同,但振动持续时间不同,对地震液化也会有不同的影响。根据室内动三轴试验的结果,强震时能引起液化的地震历时一般都大于 15s。

由上述可知,最易于发生地震液化的因素是:较细的粒度成分、较疏松的结构状态、不利的排水条件、较小的覆盖压力和侧向压力、较高的地震强度和较长的地震历时。

3. 地震液化的判别

地震液化的判别是高烈度场地工程地震分析和评价的重要内容之一。

国外现有的判别方法较多,有现场原位测试法、理论计算法、模拟试验法等。《规范》规定:判别的指标有单因子和综合指标之分,当抗震设防烈度为 7～9 度,且场地分布有饱和砂土和饱和粉土时,应判别液化的可能性,并应评价液化危害程度和提出抗液化措施的建议。地震设防烈度为 6 度时,一般情况下可不考虑液化的影响,但对液化沉陷敏感的乙类建筑,可按 7 度进行液化判别。甲类建筑应进行专门的液化勘察。

地震液化是一种宏观震害现象。液化的发生与发展,不仅取决于土层中某深度处地震剪应力与土的抗剪强度之比,更重要的是土层条件、地形地貌特征、地震地质条件等因素。所以对场地地震液化可能性的判别,应先进行宏观判别,或称液化势判定。

按《建筑抗震设计规范》(GB 50011—2010)规定,宏观判别的初判条件如下:

①饱和的砂土或粉土,其堆积年代为晚更新世($Q_3$)及其以前者为不液化土。

②粉土的黏粒($d < 0.005$mm 的土粒)含量百分率,7 度、9 度分别小于 10、13 和 16 时,为

液化土;反之,为不液化土。

③采用天然地基的建筑,当上覆非液化土层厚度和地下水位埋深符合下列条件之一时应考虑液化影响,否则可不考虑液化影响。

$$d_u \leqslant d_0 + d_b - 2 \tag{3-15}$$

$$d_w \leqslant d_0 + d_b - 3 \tag{3-16}$$

$$d_u + d_w \leqslant 1.5d_0 + 2d_b - 4.5 \tag{3-17}$$

式中:$d_w$——地下水位埋深,按年最高水位采用;

$d_u$——上覆非液化土层厚度,计算时宜将淤泥和淤泥质土扣除;

$d_b$——基础砌置深度,小于2m时应采用2m;

$d_0$——液化土特征深度,可按表3-11采用。

液化土特征深度(单位:m)　　　　　　　　　表3-11

| 饱 和 土 类 别 | 烈　　　　度 | | |
|---|---|---|---|
| | 7 | 8 | 9 |
| 粉土 | 6 | 7 | 8 |
| 砂土 | 7 | 8 | 9 |

除上述三项规定外,在宏观判别前应了解分析区域地震地质条件和历史地震背景(包括地震液化史、地震震级、震中距等);在判别时应充分研究场地地层、地形地貌和地下水条件,并应调查了解历史地震液化的遗迹。对倾斜场地及大面积液化层底面倾向河沟或临空时,应评价液化引起地面流滑的可能性。

当宏观判别认为场地有液化可能性时,再作进一步判别。一般判别可在地面以下15m深度内进行;当采用桩基或其他深基础时,其判别深度可根据工程具体条件适当加深。判别时应采用多种方法,经比较分析后,综合判定可能性和液化程度。

《建筑抗震设计规范》(GB 50011—2010)规定,采用标准贯入试验判别法,在地面下15m深度范围内,液化判别标准贯入锤击数临界值可按下式计算:

$$N_{63.5} < N_{cr} \tag{3-18}$$

$$N_{cr} = N_0 \left[ 0.9 + 0.1(d_s - d_w) \right] \sqrt{\frac{3}{p_c}} \tag{3-19}$$

式中:$N_{63.5}$——饱和土标准贯入锤击数实测值(未经杆长修正);

$N_{cr}$——液化判别标准贯入锤击数临界值;

$N_0$——液化判别标准贯入锤击数基准数,应按表3-12采用;

$d_s$——饱和土标准贯入点深度,m;

$p_c$——饱和土黏粒含量百分率,当小于3或为砂土时,均应采用3。

标准贯入渗击数基准值　　　　　　　　　　表3-12

| 近、远震 | 烈　　　　度 | | |
|---|---|---|---|
| | 7 | 8 | 9 |
| 近震 | 6 | 10 | 16 |
| 远震 | 8 | 12 | — |

存在液化土层的地基,应进一步探明各液化土层的深度和厚度,并应按式(3-20)计算液化指数:

$$I_{IE} = \sum_{i=1}^{n}\left(1 - \frac{N_i}{N_{cri}}\right)d_i w_i \qquad (3-20)$$

式中:$I_{IE}$——液化指数;

$n$——15m 深度范围内每一个钻孔标准贯入试验点的总数;

$N_i$、$N_{cri}$——$i$ 点标准贯入锤击数的实测值和临界值,当实测值大于临界值时应取临界值的数值;

$d_i$——$i$ 点所代表的土层厚度,m;

$w_i$——$i$ 土层考虑单位土层厚度的层位影响权函数值(单位为 $m^{-1}$),当该层中点深度不大于 5m 应采用 10,等于 15m 时应采用零值,5 ~ 15m 时应按线性内插法取值。

存在液化土层的地基,应根据其液化指数划分液化程度的等级(表 3-13)。

表 3-13

### 液 化 等 级

| 液化指数 | $0 < I_{IE} \leqslant 6$ | $6 < I_{IE} \leqslant 18$ | $I_{IE} > 18$ |
|---|---|---|---|
| 液化等级 | 轻微 | 中等 | 严重 |

此外,《建筑抗震设计规范》(GB 50011—2010)还推荐静力触探试验法和剪切波速试验法判别地震液化。它们宜用于判别地面以下 15m 深度范围内的饱和砂土和粉土。

#### 4.地震液化的防治措施

地震液化常用的防治措施有:合理选择建筑场地、地基处理、基础和上部结构选择等。在强震区应合理选择建筑场地,以尽量避开液化土层可能分布的地段。一般应以地形平坦、地下水埋藏较深、上覆非液化土层较厚的地段作为建筑场地。这对重大建筑物更为必要。

地基处理可以消除液化可能性或减轻其液化程度。地震液化的地基处理措施较多,主要有:换土、增加盖重、强夯、振冲、砂桩挤密、爆炸振密和围封等方法。换土是将地基中的液化上层全部挖除,并回填以压实的非液化土,是彻底消除液化的措施。它适用于液化土层较薄且埋藏较浅时。增加盖重是地面上堆填一定厚度的填土,以增大有效覆盖压力。强夯、振冲、砂桩挤密和爆炸振密等,是为改善饱和土层的密实程度,提高地基抗液化能力的方法,它们可以全部或部分消除液化的影响。围封法是在建筑物地基范围内用板桩、混凝土截水墙、沉箱等,将液化土层截断封闭,以切断外侧液化土层对地基的影响,增加地基内土层的侧向压力,它可全部消除液化的影响。

建立在液化土层上的建筑物,若为低层或多层建筑,以整体性和刚性较好的筏基、箱基和钢筋混凝土十字形条基为宜。若为高层建筑,则应采用穿过液化土层的深基础,如桩基管桩基础等,以全部消除液化的影响,切不可采用浅摩擦桩。此外,应增强上部结构的整体刚度和均匀对称性,合理设置沉降缝。

由于建筑类别和地基的液化等级不同,所以抗液化措施应按表 3-14 选用。

| 建筑类别 | 液化防治措施的选择 | | 表 3-14 |
|---|---|---|---|

| 建筑类别 | 地基的液化等级 | | |
|---|---|---|---|
| | 轻　微 | 中　等 | 严　重 |
| 甲类 | 全部消除液化 | | |
| 乙类 | 部分消除液化,或对基础和上部结构处理 | 全部或部分消除液化,且对基础和上部结构处理 | 全部消除液化 |
| 丙类 | 基础的上部结构,也可不采取措施 | 基础和上部结构处理,或更高要求措施 | 全部或部分消除液化,且对基础和上部结构处理 |
| 丁类 | 可不采取措施 | 可不采取措施 | 基础和上部结构处理,或其他经济的措施 |

# 第六节　特殊性岩土

不同的地质条件、地理环境和气候条件造就了不同区域的工程性质各异的土质。有些土类,由于形成条件及次生变化等原因而具有与一般土类显著不同的特殊工程性质,称其为特殊土。特殊土的性质都表现出一定的区域性,有其特殊的规律,在工程上应充分考虑其特殊性,采取相应的治理措施,否则很容易造成工程事故。

我国幅员辽阔,特殊土的种类较多,几种重要的特殊土有:各种静水环境沉积的软土;主要分布于西北、华北等干旱、半干旱气候区的湿陷性黄土;西南亚热带湿热气候区的红黏土;主要分布于南方和中南地区的膨胀土;高纬度、高海拔地区的多年冻土及盐渍土、人工填土和污染土等。下面对这些特殊土的分布、特征及其工程性质作一介绍:

## 一、红黏土

1.红黏土的特征及分布

红黏土是指在亚热带湿热气候条件下,碳酸盐类岩石经过物理化学作用而形成的高塑性黏土。红黏土一般呈褐红、棕红色。红黏土也有原生和次生之分:原生红黏土通常简称红黏土,液限大于或等于50%的黏土;次生红黏土是指在红黏土形成后,经过流水再搬运后,仍然保留红黏土的基本特征,液限大于45%的黏土。在相同物理指标情况下,其力学性能低于红黏土。红黏土及次生红黏土广泛分布于我国的云贵高原、四川东部、广西壮族自治区、粤北及鄂西、湘西等地区的低山、丘陵地带顶部和山间盆地、洼地、缓坡及坡脚地段。虽然红黏土的天然含水率和孔隙比都很大,但其强度高、压缩性低,工程性能良好。它的物理力学性质与其他地区的黏性土相比有自身独特的变化规律。

2.红黏土的成分及物理力学特征

(1)红黏土的组成成分

红黏土主要为碳酸盐类岩石的风化后期产物,其矿物成分除含有一定数量的石英颗粒外,还含有大量的黏土颗粒,主要为多水高岭石、水云母类、胶体及赤铁矿、三水铝土矿等成分,几乎不含有机质。

在所含的几种矿物中,多水高岭石的性质较稳定,与水结合能力很弱,是不溶于水的矿物。而三水铝土矿、赤铁矿、石英及胶体二氧化硅等铝、铁、硅氧化物,性质比多水高岭石更稳定。

红黏土颗粒周围的吸附阳离子成分以 $Fe^{3+}$、$Al^{3+}$ 为主,这类阳离子水化程度很弱。红黏土的粒度较均匀,呈高分散性。黏粒含量一般为 60% ~ 70%,最大达 80%。

（2）红黏土的一般物理力学特征

①天然含水率高,一般为 40% ~ 60%,高的可达 90%。

②密度小,天然孔隙比一般为 1.4 ~ 1.7,最高 2.0,具有大孔性。

③高塑性,液限一般为 60% ~ 80%,高达 110%;塑限一般的高达 40% ~ 60%;塑性指数一般为 20 ~ 50。

④由于塑限很高,所以尽管天然含水率高,一般仍处于坚硬或硬可塑状态,液性指数 $I_L$ 一般小于 0.25,但是其饱和度一般在 90% 以上。因此,即使是坚硬黏土,也处于饱水状态。

⑤一般呈现较高的强度和较低的压缩性,固结快剪内摩擦角 $\varphi = 8° \sim 18°$,黏聚力 $c = 40 \sim 90kPa$。压缩系数 $\alpha_{0.2 \sim 0.3} = 0.1 \sim 0.4MPa^{-1}$,变形模量 $E_0 = 10 \sim 30MPa$,最高可达 50MPa;载荷试验比例界限 $P_0 = 200 \sim 300kPa$。

⑥不具有湿陷性,原状土浸水后膨胀量很小（小于 2%）,但失水后收缩剧烈,原状土体积收缩率为 25%,而扰动土可达 40% ~ 50%。

红黏土的天然含水率高,孔隙比很大,但却具有较高的力学强度和较低的压缩性及不具有湿陷性,其原因主要在于其生成环境及其相应的组成物质和坚固的粒间连接特性。

（3）红黏土的物理力学性质变化范围及其规律性

分布在不同地区的红黏土,甚至是同一地区的红黏土,其物理力学性质指标都有很大的差异,工程性能及承载力等也有显著的差别。

①在竖直方向,沿深度的增加,其天然含水率、孔隙比和压缩性都随之增高,状态也由坚硬、硬塑变为可塑、软塑甚至流塑状态,因而强度大幅度降低。

②在水平方向,由于排水条件的不同,其性质也有很大的不同。在地势较高的部位,排水条件好,其天然含水率、孔隙比和压缩性均较低,强度较高,而地势较低处则相反。由于经常积水、排水不畅,其强度大为降低。

③次生坡积红黏土与红黏土的性质差别也较大。次生坡积红黏土颜色较浅,其物理性质与残积土相近,但较松散,结构强度差,故雨期、旱期土质变化较大。其含水比一般为 0.7 ~ 0.8,强度指标较残积土有明显降低。

④裂隙对红黏土强度和稳定性的影响。红黏土具有强烈的失水收缩性,故裂隙容易发育。坚硬、硬可塑状态的红黏土,在近地表部位或边坡地带,往往发育有很多裂隙。这种土体的单独土块强度很高,但是裂隙破坏了土体的整体性和连续性,使土体强度显著降低,试样沿裂隙面成脆性破坏。

## 二、湿陷性黄土

1. 湿陷性黄土的特征和分布

黄土颜色多呈黄色、淡灰黄色或褐黄色,颗粒组成以粉粒为主,约占 60% ~ 70%,粒度大小较均匀,黏粒含量较少,一般仅占10%~20%;含水率小,一般为8%~20%;孔隙比大,一般在1.0左右,且具有肉眼可见的大孔隙;具有垂直节理,常呈现直立的天然边坡。

黄土按其成因可分为原生黄土和次生黄土。一般认为,具有上述典型特征、没有层理的风成黄土为原生黄土。原生黄土经水流冲刷、搬运和重新沉积而形成的为次生黄土。次生黄土一般不完全具备上述黄土特征,砂粒含量高,甚至含有细砾,故也称为黄土状土。

黄土在天然含水率时一般呈坚硬或硬塑状态,具有较高的强度和较低的压缩性,但遇水浸湿后,强度迅速降低,有的即使在其自重作用下也会发生剧烈而大量的沉陷,称之为湿陷性;并非所有的黄土都会发生湿陷,凡具有湿陷性特征的黄土称为湿陷性黄土,否则,称为非湿陷性黄土。非湿陷性黄土的工程性质接近一般黏性土。

黄土在我国主要分布在甘、陕、晋的大部分地区以及豫、宁、冀等部分地区。此外,新、鲁、辽等地也有局部分布。其中湿陷性黄土约占3/4。由于各地的地理、地质和气候条件的差别,湿陷性黄土的组成成分、分布地带、沉积厚度、湿陷特征和物理力学性质也因地而异,其湿陷性由西北向东南逐渐减弱,厚度变薄。

我国黄土按形成年代的早晚,分为老黄土和新黄土。老黄土形成年代久,土中盐分溶滤充分,因而具有土质密实、强度高和压缩性小的特点,并且湿陷性弱甚至不具湿陷性。反之,新黄土形成年代短,其特性相反。

**2.黄土湿陷性类型判别**

(1)黄土湿陷性的判别

可以用湿陷系数 $\delta_s$ 来判定黄土是否具有湿陷性,湿陷系数 $\delta_s$ 是天然土样单位厚度的湿陷量,由在规定压力下的室内压缩试验测定。

$\delta_s < 0.015$ 时,定为非湿陷性黄土;

$\delta_s \geqslant 0.015$ 时,定为湿陷性黄土。

根据湿陷系数大小,可以大致判断湿陷性黄土湿陷性的强弱,一般认为:

$\delta_s \leqslant 0.03$,为弱湿陷性的;

$0.03 < \delta_s \leqslant 0.07$,为中等湿陷性的;

$\delta_s > 0.07$,为强湿陷性的。

(2)建筑场地或地基的湿陷类型

应按试坑浸水试验实测自重湿陷量 $\Delta'_{zs}$ 或按室内压缩试验累计的计算自重湿陷量 $\Delta_{zs}$ 判定。

当实测或计算自重湿陷量小于或等于7cm时,定为非自重湿陷性黄土场地。

当实测或计算自重湿陷量大于7cm时,定为自重湿陷性黄土场地。

以7cm作为判别建筑场地湿陷类型的界限值是根据自重湿限性黄土地区的建筑物调查资料确定的。

计算自重湿陷量 $\Delta_{zs}$ 应根据不同深度土样的自重湿陷系数 $\delta_{zsi}$,按下式计算:

$$\Delta_{zs} = \beta_0 \sum \delta_{zsi} h_i \tag{3-21}$$

式中:$\delta_{zsi}$——第 $i$ 层土在上覆土的饱和($S_r > 0.85$)自重压力下的自重湿陷系数;

　　　$h_i$——第 $i$ 层土的厚度(cm);

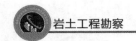

$\beta_0$——因地区土质而异的修正系数,是为了使计算自重湿陷量尽量接近实测自重湿陷量。对陇西地区,$\beta_0$值可取1.5;对陇东、陕北—晋西地区可取1.2;对关中地区可取0.9;对其他地区可取0.5。

### 三、膨胀土(岩)

**1.膨胀土的分布**

膨胀土是指具有显著的吸水膨胀、失水收缩且胀缩变形往复可逆的高塑性黏土。我国膨胀土主要分布地区有广西壮族自治区、云南、湖北、河南、安徽、四川、河北、山东、陕西、浙江、江苏、贵州和广东等。

膨胀土之所以具有吸水膨胀和失水收缩的特性,与它含有大量的强亲水性黏土矿物成分有关。在通常情况下,它具有较高的强度和较低的压缩性,易被误认为工程性能较好的土,因此在膨胀土地区进行工程建筑,要特别注意对膨胀土的判别,并在设计和施工中采取必要的措施,否则会导致建筑物的开裂和损坏,并造成坡地建筑场地崩塌、滑坡、地裂等严重灾害。

**2.膨胀土的特征**

(1)工程地质特征

①地形、地貌特征:膨胀土多分布于Ⅱ级以上的河谷阶地或山前丘陵地区,一般呈垄岗式低丘或浅而宽的沟谷。地形坡度平缓,无明显的自然陡坎;在池塘、岸坡地段常有大量坍塌或小滑坡发生;旱季地表出现沿地形等高线延伸的地裂,长数米至数百米,宽数厘米至数十厘米,深达数米,雨期则会闭合。

②土质特征:颜色一般呈黄、黄褐、灰白、花斑(杂色)和棕红等;组分上多为高分散的土颗粒,结构致密细腻,常有铁锰质及钙质结核等零星包含物;一般呈坚硬至硬塑状态,但雨天浸水后强度剧烈降低,压缩性变大;近地表部位有不规则的网状裂隙发育,裂隙面光滑,并有灰白色黏土(主要为蒙脱石或伊利石矿物)充填,在地表部位常因失水而张开,雨期又会因浸水而重新闭合。

(2)膨胀土的物理、力学及胀缩性指标

①黏粒含量高达35%~85%,液限一般为40%~50%,塑性指数多在22~35之间。

②天然含水率接近或略小于塑限,不同季节变化幅度为3%~6%,故一般呈坚硬或硬塑状态。

③天然孔隙比小,常随土体含水率的增减而变化,即增湿膨胀,孔隙比变大;失水收缩,孔隙比变小。天然孔隙比一般在0.50~0.80之间,云南的较大一些,在0.70~1.20之间。

④自由膨胀量一般超过40%,也有超过100%的。

各地膨胀土的膨胀率、膨胀力和收缩率等指标的试验结果差异很大。实验证明,当膨胀土的天然含水率小于其最佳含水率(或塑限)之后,每减少3%~5%,其膨胀力可增大数倍,收缩率则大为减小。

(3)膨胀土的强度和压缩性

膨胀土在天然条件下一般处于硬塑或坚硬状态,强度较高,压缩性较低,但往往由于干缩而导致裂隙发育,使其整体性不好,从而承载力降低,并可能丧失稳定性。所以对浅基础、重荷载的情况,不能单纯以小块试样的强度考虑膨胀土地基的整体强度问题。

当膨胀土的含水率剧烈增大或土的原状结构被扰动时,土体强度会骤然降低,压缩性增高。有资料表明,膨胀土被浸湿后,其抗剪强度将降低 1/3 ~ 2/3。而由于结构破坏,将使其抗剪强度减小 2/3 ~ 3/4,压缩系数增高 1/4 ~ 2/3。

（4）已有建筑物的变形、裂缝特征

①建筑物破坏一般是在同一地貌单元的相同土层地段成群出现,特别是气候强烈变化（如长期干旱后降雨等）之后更是如此。

②层次低、重量轻的房屋更容易破坏;四层以上的建筑物,则基本不会受影响。

③建筑物裂缝具有随季节变化而往复伸缩的性质。

④山墙和内墙多出现呈"倒八字"的对称或不对称裂缝及垂直裂缝（图3-4）,外纵墙下端多出现水平裂缝,房屋角端裂缝严重,地坪多出现平行于外纵墙的通长裂缝,其特点是,靠近外墙者宽,离外墙较远的变窄。

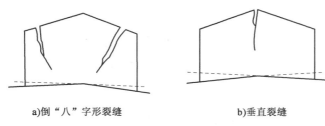

a)倒"八"字形裂缝          b)垂直裂缝

图 3-4    倒"八"字形裂缝和垂直裂缝

以上各种裂缝总的特征是上宽下窄,水平裂缝外宽内窄;二楼的裂缝比底层的严重;具有随季节变化而往复伸缩的特点。这些是区别于其他原因引起的裂缝的重要特征。

（5）膨胀土的判别

判别膨胀土应采用现场调查与室内试验相结合的原则,即首先根据现场土体埋藏和分布条件等工程地质特征以及建于同一地貌单元的已有建筑物的变形和开裂情况作出初步判断,然后根据室内试验指标进一步验证,综合判别。

凡具有前述土体的工程地质特征以及已有建筑物变形、开裂特征的场地,且土的自由膨胀率大于或等于40%的土,应判定为膨胀土。

**四、软土**

**1. 软土的分类**

软土主要指淤泥和淤泥质土,是第四纪后期在类似静水的环境中沉积,并经过生物化学作用而形成的饱和软黏性土。其通常富含有机质,天然含水率 $\omega$ 大于液限 $\omega_L$,天然孔隙比 $e$ 常大于或等于1.0。根据天然孔隙比和有机质的含量,分别定名为:

淤泥: $e \geq 1.5$;

淤泥质土: $1.5 > e \geq 1.0$,它是淤泥与一般黏性土的过渡类型;

有机质土:土中有机质含量 $\geq 5\%$ ,而 $\leq 10\%$ ;

泥炭质土:土中有机质含量 $>10\%$ ,而 $\leq 60\%$ ;

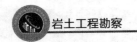

泥炭:土中有机质含量≥60%。

2.软土的物理力学特性

软土具有以下工程特性:

(1)高含水率和高孔隙性

软土的天然含水率一般为50%~70%,山区软土有时高达200%。天然孔隙比在1~2之间,最大达3~4。其饱和度一般大于95%。软土的高含水率和高孔隙性特征是决定其压缩性和抗剪强度的重要因素。

(2)渗透性低

软土的渗透系数一般在$1 \times 10^{-8}$~$1 \times 10^{-4}$cm/s之间,通常水平向的渗透系数较垂直方向要大得多。由于该类土渗透系数小、含水率大且呈饱和状态,使得土体的固结过程非常缓慢,其强度增长的过程也非常缓慢。

(3)压缩性高

软土的压缩系数$\alpha_{1-2}$一般为0.7~1.5MPa$^{-1}$,最大达4.5MPa$^{-1}$,因此软土都属于高压缩性土。随着土的液限和天然含水率的增大,其压缩系数也进一步增高。

由于该类土具有高含水率、低渗透性及高压缩性等特性,因此,具有变形大而不均匀、变形稳定历时长的特点。

(4)抗剪强度低

软土的抗剪强度很小,同时与加荷速度及排水固结条件密切相关。如不排水三轴快剪得出其内摩擦角为零,其黏聚力一般都小于20kPa;直剪快剪内摩擦角一般为2°~5°,黏聚力为10~15kPa;而固结快剪的内摩擦角可达8°~12°,黏聚力20kPa左右。因此,要提高软土地基的强度,必须控制施工和使用时的加荷速度。

(5)较显著的触变性和蠕变性

由于软土具有较为显著的结构性,故触变性是它的一个突出的性质。我国东南沿海地区的三角洲相及滨海—泻湖相软土的灵敏度一般在4~10之间,个别达13~15。软土的蠕变性也是比较明显的,表现在长期恒定应力作用下,软土将产生缓慢的剪切变形,并导致抗剪强度的衰减;在固结沉降完成之后,软土还可能继续产生可观的次固结沉降。

## 五、污染土

1.污染土的定义和污染作用过程

由于致污物质的侵入改变了其物理力学性状的土称为污染土。污染土的定名,可在原分类名称前冠以"污染"两字。致污物质主要有酸、碱、煤焦油、石灰渣等。污染源主要有制造酸碱的工厂、石油化纤厂、煤气工厂、污水处理厂及燃料库和某些行业,如印染、造纸、制革、冶炼、铸造等行业。

地基土受污染作用的过程:

①当地基土被污染时,首先是土颗粒间的胶结盐类被溶蚀,胶结强度被破坏,盐类在水的作用下溶解流失,土的孔隙比和压缩性增大,抗剪强度降低。

②土颗粒被污染后,形成的新物质在土的孔隙中产生相变结晶而膨胀,并逐渐溶蚀或分裂

成小颗粒,新生成含结晶水的盐类,在干燥条件下,体积减小,浸水后体积膨胀,经反复作用土的结构受到破坏。

③地基土遇酸碱等腐蚀性物质,与土中的盐类形成离子交换,从而改变土的性质。

**2. 污染土的勘察**

（1）污染土勘察的目的和内容

污染土勘察场地和地基可分为可能受污染的拟建场地和地基、已受污染的拟建场地和地基、可能受污染的已建场地和地基、已受污染的已建场地和地基。污染土场地的岩土工程勘察应包括下列内容:

①查明污染前后土的物理力学性质、矿物成分和化学成分等。

②查明污染源、污染物的化学成分、污染途径、污染史等。

③查明污染土对金属材料和混凝土的腐蚀性。

④查明污染土的分布,划分污染等级,并进行分区。

⑤地下水的分布、运动规律及其与污染作用的关系。

⑥提出污染土的力学参数,评价污染土场地的工程特性。

⑦提出污染土的处理意见建议。

（2）污染土场地的勘察方法和工作布置

①宜采用钻探、井探、槽探,并结合原位测试,必要时可辅以物探方法。

②勘察工作量布置原则。

a. 受污染的场地,由于污染土分布不均一,应加密勘探点,以查明污染土分布。勘探点可采用网格状布置。布置的原则是近污染源密,远污染源稀。勘探孔的深度应穿透污染土,达到未污染土层;

b. 已污染场地的取土试样和原位测试数量宜比一般性土增大 1/3 ~ 1/2;

c. 对有地下水的钻孔,应在不同深度处采取水试样,以查明污染物在地下水中的分布情况。

③对采取的土试样应严格密封,以保持土中污染物原有的成分、浓度、状态等,防止污染物的挥发、逸散和变质,并应避免混入其他物质。

④应进行载荷试验或根据土的类别选用其他原位测试方法,必要时应进行污染土与未污染土的对比分析。

（3）污染土的试验

有条件时可进行土污染前后土质变化的研究,或通过同一土层在未污染与被污染场地分别取样进行对比试验。对比试验的内容包括:

①根据土在污染后可能引起的性质改变,确定相应的特殊试验项目,如膨胀试验、湿化试验、湿陷试验等。

②土的化学分析应包括全量分析,易溶盐含量、pH 值试验,土对金属和混凝土腐蚀性分析,有机质含量分析及矿物、物相分析等。

③必要时应进行土的显微结构鉴定。

④分析还应包括水中污染物含量分析,水对金属和混凝土的腐蚀性分析及其他项目的分析。

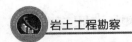

⑤测定土胶粒表面吸附阳离子交换量和成分,离子基(如易溶硫酸盐)的成分和含量。黏性土的颗粒分析对象应包括粗粒组(粒径>0.002mm)和黏粒组(0.002mm<粒径<0.005mm)。

⑥进行污染与未污染、污染程度不同的对比试验。

**3. 污染土地基的评价**

(1)污染土的识别

①地基土受污染、腐蚀后,往往会变色、变软,状态由硬塑或可塑变为软塑,甚至变为流塑。污染土的颜色也与一般土不同,呈黑色、黑褐色、灰色、棕红色和杏红色等,有铁锈斑点。

②建筑物地基内的土层变成蜂窝状结构,颗粒分散,表面粗糙,甚至出现局部空洞,建筑物也逐渐出现不均匀沉降。

③地下水质呈黑色或其他不正常颜色,有特殊气味。

(2)污染土的评价

污染土的评价包括场地污染程度评价、污染土的承载力和强度评价、污染土腐蚀性评价并预测污染的发展趋势。

①场地污染程度的评价

污染土的岩土工程评价:对可能受污染场地,应提出污染可能产生的后果和防治措施;对已受污染场地,应进行污染分级和分区,评价污染土的工程特性和腐蚀性,提出治理措施,预测发展趋势。

污染土场地的划分可根据土污染的程度和对建筑物的危害程度确定,一般可划分为严重污染土场地、中等污染土场地和轻微污染土场地。严重污染土特点是土的物理力学性质有较大幅度的变化;中等污染土特点是土的性质有明显的变化;轻微污染土特点是从土的化学分析中检测出有污染物,但其物理力学性质无变化或只有轻微的变化。

②污染土的承载力和强度评价

污染土的承载力和变形参数应由载荷试验确定。污染土的强度指标应由现场剪切试验获得,宜进行污染与未污染的对比试验。

③污染土的腐蚀性评价

污染土对金属和混凝土都具有腐蚀性,污染土对建筑材料的腐蚀性评价和腐蚀等级的划分应符合《岩土工程勘察规范》(GB 50021—2001)(2009年版)的有关规定,腐蚀性的评价也应按污染等级分区给出。

④污染对土的工程特性的影响程度

污染对土的工程特性的影响程度是根据工程具体情况,采用强度、变形、渗透等工程特性指标进行综合评价,见表3-15。

污染对土的工程特性的影响程度 表3-15

| 影响程度 | 轻微 | 中等 | 大 |
|---|---|---|---|
| 工程特性指标变化率(%) | <10 | 10~30 | >30 |

注:工程特性指标变化率是指污染前后工程特性指标的差值与污染前指标的百分比。

**六、风化岩与残积土**

风化岩是指岩石在风化营力作用下,其结构、成分和性质会产生不同程度的变异。若原岩受风化的程度较轻,保存原岩性质较多的称为风化岩。若原岩受到风化的程度极重,已完全风化为土状物,极少保持原岩性质的称为残积土。风化岩和残积土的共同特点是均保持在其原岩所在的位置,没有受到搬运营力的水平搬运。

1. 风化岩与残积土岩土勘察的基本技术要求

(1)勘探点的布置应遵循前述一般要求,但是对于层状岩石,勘探线应垂直走向布置,间距采用较小值,同时应该布置一定数量的探井。为了保证风化岩的取样精度,应采用二重或三重取土器取样,且每一风化带的取样数量不少于3组。

(2)为了区别风化岩和残积土,可采用标准贯入试验、波速试验及采样进行无侧限压缩试验,其风化程度划分标准可参考表3-16。

岩石按风化程度分类　　　　　　　　　　　　表3-16

| 风化程度 | 野 外 特 征 | 风化程度参考指标 | | |
|---|---|---|---|---|
| | | 压缩波速比 $v_p$（m/s） | 波速比 $K_v$ | 风化系数 $K_f$ |
| 未风化 | 岩质新鲜,偶见风化痕迹 | >5000 | 0.9~1.0 | 0.9~1.0 |
| 微风化 | 结构基本未变,仅节理面有渲染或略有变色,有少量风化裂隙,岩体完整性好 | 4000~5000 | 0.8~0.9 | 0.8~0.9 |
| 中等风化 | 结构部分破坏,沿节理面有次生矿物。风化裂隙发育,岩体被切割成岩块。用镐难挖,岩芯钻方可钻进 | 2000~4000 | 0.6~0.8 | 0.4~0.8 |
| 强风化 | 结构大部分破坏,矿物成分显著变化。风化裂隙很发育,岩体破碎,用镐可挖,干钻不易钻进 | 1000~2000 | 0.4~0.6 | <0.4 |
| 全风化 | 结构基本破坏,但尚可辨认。有残余结构强度,可用镐挖,干钻可钻进 | 500~1000 | 0.2~0.4 | |
| 残积土 | 组织结构全部破坏,已风化成土状。锹镐易挖掘,干钻易钻进,具可塑性 | <500 | <0.2 | |

注:1. 波速比 $K_v$ 为风化岩石与新鲜岩石压缩波速度之比。

　　2. 风化系数 $K_f$ 为风化岩石与新鲜岩石饱和单轴抗压强度之比。

(3)对于花岗岩、风化岩及残积土可按下列标准进行划分:

①标准贯入试验锤击数(修正后)$N \geq 50$ 击/30cm,为强风化岩;$30 \leq N \leq 50$ 为全风化岩;$N < 30$ 为残积土;

②风干样无侧限抗压强度 $q_u \geq 800kPa$,为强风化岩;$600kPa \leq q_u < 800kPa$ 为全风化岩;$q_u < 600kPa$ 为残积土;

③剪切波速 $v_s > 350m/s$ 为强风化岩;$250m/s \leq v_s < 350m/s$ 为全风化岩;$v_s < 250m/s$ 为残积土;

④花岗岩残积土变形模量 $E_0$,可按下式确定:

$$E_0 = 2.2N \qquad (3-22)$$

式中:$E_0$——变形模量,MPa;

　　　　$N$——标准贯入试验锤击数。

(4)对风化岩可以进行密度、重度、吸水率及单轴极限抗压强度或点荷载试验。对残积土除了常规试验外,还应进行不排水剪切试验。花岗岩残积土还应进行细粒土的天然含水率、塑

性指数、液性指数测定。

2.风化岩及残积土工程评价

（1）承载力的确定

①对于没有建筑经验的风化岩和残积土地区的地基承载力和变形模量,应采用荷载试验确定。有成熟的地方经验时,对于地基基础设计等级为乙级和丙级的工程,可根据标准贯入试验等原位测试资料,结合当地经验综合确定。岩石地基荷载试验的方法可以参考现行《建筑地基基础设计规范》的相关内容。载荷试验的结果可与其他原位试验结果建立统计关系,对于不含或极少含粗粒的土,能够取得保持原状结构的土样时,也可与其物理力学性质指标建立关系。对于残积土不宜套用一般承载力表。

②对于完整、较完整和较破碎的岩石地基承载力特征值,可根据室内饱和单轴抗压强度按下式确定:

$$f_a = \varphi_s f_{rk}$$
$$(3-23)$$

式中:$f_a$——岩石地基承载力特征值;

$\varphi_r$——折减系数,根据岩体的完整程度以及结构面的间距、宽度、产状和组合,由地区经验确定;无经验时,对完整岩体可取 0.2 ~ 0.5,对较破碎岩体可取 0.1 ~ 0.2;

$f_{rk}$——岩石的饱和单轴抗压强度标准值,kPa,岩样尺寸一般取直径 50mm,高度 100mm 的圆柱体试样。

③对于破碎、极破碎的岩石地基承载力特征值,可根据平板载荷试验确定;当试验难以进行时,可按表 3-17 确定岩石的地基承载力特征值。

**破碎、极破碎的岩石地基承载力特征值**（单位:kPa）　　　　表 3-17

| 岩石类别 | 强风化 | 中等风化 | 微风化 |
|---|---|---|---|
| 硬质岩石 | 700 ~ 1500 | 1500 ~ 4000 | ≥4000 |
| 软质岩石 | 600 ~ 1000 | 1000 ~ 2000 | ≥2000 |

注:强风化岩石的标准贯入试验锤击数:$N > 50$。

④如能准确地取得残积土的强度指标值和压缩指标值时,其承载力也可以用计算的方法确定。

⑤对于以物理风化为主形成的碎石、砂土的承载力,也可参照一般碎石土及砂土的承载力确定。

（2）对风化岩及残积土评价时应考虑的因素

①对于厚层的强风化和全风化岩石,宜结合当地经验进一步划分为碎块状、碎屑状和土状;厚层残积土可进一步划分为硬塑残积土和可塑残积土,也可根据含砾或含砂量划分为黏性土、砂质黏性土和砾质黏性土;

②建在软硬互层或风化程度不同地基上的工程,应分析不均匀沉降对工程的影响;

③基坑开挖后应及时检验,对于易风化的岩类,应及时砌筑基础或采取其他措施,防止风化进一步发展;

④对岩脉和球状风化体（孤石）,应分析评价其对地基（包括桩基础）的影响,并提出相应的建议。

**思考题**

1. 岩溶勘察要点有哪些?

2. 岩溶地基评价中应注意哪些问题?

3. 详细勘察阶段岩溶勘察的任务及勘察工作如何布置?

4. 滑坡地区勘察的主要工作有哪些?

5. 如何评价滑坡稳定性?

6. 强震区场地的岩土工程勘察要点有哪些?

7. 主要的地震工程参数有哪些? 分别如何测定?

8. 影响地震液化的因素有哪些,如何进行地震液化的判别?

9. 膨胀土地区岩土工程勘察的技术要求有哪些?

10. 对风化岩和残积土岩土工程评价的主要内容有哪些?

11. 何谓湿陷性土? 它的工程特性是什么?

# 第四章 工程地质测绘与调查

## 第一节 工程地质测绘与调查的基本要求

工程地质测绘是工程地质勘察过程中的基础工作,是勘察中最先进行的项目。其目的是为编制工程地质图而系统获取原始资料。

工程地质测绘是运用地质、工程地质理论,对与工程建设有关的各种地质现象进行观察和描述,初步查明拟建场地或各建筑地段的工程地质条件。将工程地质条件诸要素采用不同的颜色、符号,按照精度要求标绘在一定比例尺的地形图上,并结合勘探、测试和其他勘察工作的资料,编制成工程地质图。这一重要的勘察成果可对场地或各建筑地段的稳定性和适宜性做出评价。

### 一、工程地质测绘与普通地质测绘的区别

(1)工程地质测绘应密切结合工程建筑物的要求,结合工程地质问题进行。

(2)对与工程有关的地质现象,如软弱层、风化带、断裂带的划分,节理裂隙、滑坡、崩塌等,要求精度高,涉及范围较广,研究程度深。

(3)常使用较大比例尺(1:10000~1:2000~1:500),对重要地质界限或现象采用仪器法定位。当然在区域性研究中也使用中、小比例尺。

(4)突出岩土类型、成因、岩土地质结构等工程地质因素的研究,对基础地质方面,尽量利用已有资料,但对重大问题应进一步深化研究。

### 二、工程地质测绘范围的确定

工程地质测绘不像一般的区域地质或区域水文地质测绘那样,严格按比例尺大小由地理坐标确定测绘范围,而是根据拟建建筑物的需要在与该项工程活动有关的范围内进行。原则上,测绘范围应包括场地及其邻近的地段。适宜的测绘范围,既能较好地查明场地的工程地质条件,又不至于浪费勘察工作量。根据实践经验,由以下三方面确定测绘范围,即拟建建筑物的类型和规模、设计阶段以及工程地质条件的复杂程度和研究程度。

建筑物的类型、规模不同,与自然地质环境相互作用的广度和强度也就不同,确定测绘范围时首先应考虑到这一点。例如,大型水利枢纽工程的兴建,由于水文和水文地质条件急剧改变,往往引起大范围自然地理和地质条件的变化,这一变化甚至会导致生态环境的破坏和影响水利工程本身的效益及稳定性。此类建筑物的测绘范围必然很大,应包括水库上、下游的一定范围,甚至上游的分水岭地段和下游的河口地段都需要进行调查。房屋建筑和构筑物一般仅在小范围内与自然地质环境发生作用,通常不需要进行大面积工程地质测绘。

在工程处于初期设计阶段时,为了选择建筑场地一般都有若干个比较方案,它们相互之间

有一定的距离。为了进行技术经济论证和方案比较,应把这些方案场地包括在同一测绘范围内,测绘范围显然是比较大的。但当建筑场地选定之后,尤其是在设计的后期阶段,各建筑物的具体位置和尺寸均已确定,就只需在建筑地段的较小范围内进行大比例尺的工程地质测绘。可见,工程地质测绘范围是随着建筑物设计阶段(即岩土工程勘察阶段)的提高而缩小的。

一般的情况是:工程地质条件越复杂,研究程度越差,工程地质测绘范围就越大。工程地质条件复杂程度包含两种情况:

一种情况是在场地内工程地质条件非常复杂。例如,构造变动强烈,有活动断裂分布;不良地质现象强烈发育;地质环境遭到严重破坏;地形地貌条件十分复杂。

另一种情况是场地内工程地质条件比较简单,但场地附近有危及建筑物安全的不良地质现象存在。如山区的城镇和厂矿企业往往兴建于地形比较平坦开阔的洪积扇上,对场地本身来说工程地质条件并不复杂,一旦泥石流暴发,则有可能摧毁建筑物。此时工程地质测绘范围应将泥石流形成区包括在内。又如位于河流、湖泊、水库岸边的房屋建筑,场地附近若有大型滑坡存在,当其突然失稳滑落所激起的涌浪可能会导致"灭顶之灾"。

### 三、工程地质测绘比例尺的选择

工程地质测绘的比例尺大小主要取决于设计要求。建筑物设计的初期阶段属选址性质的,一般往往有若干个比较场地,测绘范围较大,而对工程地质条件研究的详细程度并不高,所以采用的比例尺较小。但是,随着设计工作的进展,建筑场地的选定,建筑物位置和尺寸越来越具体明确,范围也在缩小,而对工程地质条件研究的详细程度不断提高,所以采用的测绘比例尺就需逐渐加大。当进入到设计后期阶段时,为了解决与施工、使用有关的专门地质问题,所选用的测绘比例尺可以很大。在同一设计阶段内,比例尺的选择则取决于场地工程地质条件的复杂程度以及建筑物的类型、规模及其重要性。工程地质条件复杂、建筑物规模巨大而又重要者,就需采用较大的测绘比例尺。总之,各设计阶段所采用的测绘比例尺都限定于一定的范围之内。

1. 比例尺选定原则

(1)应与使用部门要求提供的图件比例尺一致或相当;

(2)与勘测设计阶段有关;

(3)在同一设计阶段内,比例尺的选择取决于工程地质条件的复杂程度、建筑物类型、规模及重要性。在满足工程要求的前提下,尽量节省测绘工作量。

2. 工程地质测绘比例尺一般规定

根据国际惯例和我国各勘察部门的经验,工程地质测绘比例尺一般规定为:

(1)可行性研究勘察阶段 1:50000 ~ 1:5000,属小、中比例尺测绘;

(2)初步勘察阶段 1:10000 ~ 1:2000,属中、大比例尺测绘;

(3)详细勘察阶段 1:2000 ~ 1:200 或更大,属大比例尺测绘。

### 四、工程地质测绘的精度要求

工程地质测绘的精度包含两层意思,即对野外各种地质现象观察描述的详细程度,以及各

种地质现象在工程地质图上表示的详细程度和准确程度。为了确保工程地质测绘的质量,这一精度要求必须与测绘比例尺相适应。"精度"指野外地质现象能够在图上表示出来的详细程度和准确度。

**1.详细程度**

"精度"的详细程度指对地质现象反映的详细程度,比例尺越大,反映的地质现象的尺寸界限越小。一般规定,按同比例尺的原则,图上投影宽度大于2mm的地层或地质单元体,均应按比例尺反映出来。投影宽度小于2mm的重要地质单元,应使用超比例符号表示。如软弱层、标志层、断层、泉等。

**2.准确度**

"精度"的准确度指图上各种界限的准确程度,即与实际位置的允许误差。

一般对地质界限要求严格,大比例尺测绘采用仪器定点。

要求将地质观测点布置在地质构造线、地层接触线、岩性分界线、不同地貌单元及微地貌单元的分界线、地下水露头以及各种不良地质现象分布的地段。观测点的密度应根据测绘区的地质和地貌条件、成图比例尺及工程特点等确定。为了更好地阐明测绘区工程地质条件和解决岩土工程实际问题,对工程有重要影响的地质单元体,如滑坡、软弱夹层、溶洞、泉、井等,必要时在图上可采用扩大比例尺表示。

# 第二节　工程地质测绘方法

**一、像片成图法**

利用地面摄影或航空(卫星)摄影相片,先在室内进行解释,划分地层岩性、地质构造、地貌、水系和不良地质作用等,并在相片上选择若干点和路线,然后到实地进行校对修正,绘成底图,最后转绘成图。

《岩土工程勘察规范》(GB 50021—2001)规定,利用遥感影像资料解释进行观察地质测绘时,现场检验地质观测点数宜为工程地质测绘点数的30%~50%。野外工作应包括下列工作:

(1)检查解释标准;

(2)检查解释结果;

(3)检查外推结果;

(4)对室内解释难以获得的资料进行野外补充。

**二、实地测绘法**

常用的实地测绘方法有三种:路线法、布点法和追索法。

**1.路线法**

沿着一定的路线,穿越测绘场地,把走过的路线正确地填绘在地形图上,并沿途详细观察地质情况,把各种地质界线、地貌界线、构造线、岩层产状和各种不良地质作用标绘在地形图上。路线形式有"S"形或"直线"形,路线法一般用于中、小比例尺。

路线法测绘中应注意以下问题:

(1)路线起点的位置,应选择有明显的地物,如村庄、桥梁或特殊地形,作为每条路线的起点;

(2)观察路线的方向,应大致与岩层走向、构造线方向和地面单元相垂直,这样可以用较少的工作量获得较多的成果;

(3)观察路线应选择在露头及覆盖层较薄的地方。

**2.布点法**

布点法是工程地质测绘的基本方法,即根据不同的比例尺先在地形图上布置一定数量的观察点和观察线路。观察线路长度必须满足要求,路线力求避免重复,使一定的观察路线达到最广泛的观察地质现象的目的。

**3.追索法**

追索法是一种辅助方法,是沿着地层走向或某一构造线方向布点追索,以便查明某些局部的复杂构造。

**三、测绘对象的标测方法**

根据不同比例尺的要求,对观察点、地质构造及各种地质界线的标测采用目测法、半仪器法和仪器法。

**1.目测法**

目测法是根据地形、地物目估或步测距离。目测法适用于小比例尺工程地质测绘。

**2.半仪器法**

半仪器法是用简单的仪器(如:罗盘仪、气压计等)测定方位和高程,用徒步仪或测绳量距离。此方法适用于中比例尺工程地质测绘。

**3.仪器法**

仪器法是采用全站仪等较精密的仪器测定观测点的位置和高程,适用于大比例尺工程地质测绘。

《岩土工程勘察规范》(GB 50021—2001)规定,地质观测点的定位应根据精度要求选用适当方法;地质构造线、地质接触线、岩性分界线、软弱夹层、地下水露头和不良地质作用等特殊地质观察点,应采用仪器定位。

# 第三节　工程地质测绘和调查的内容

在工程地质测绘过程中,应自始至终以查明场地及其附近地段的工程地质条件和预测建筑物与地质环境间的相互作用为目的。因此,工程地质测绘研究的主要内容是工程地质条件

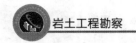

的诸要素。此外,还应搜集调查自然地理和已建建筑物的有关资料。下面将分别论述各项研究内容的研究意义、要求和方法。

### 一、工程地质测绘和调查的内容

（1）地貌的研究

工程地质测绘中地貌研究的内容有：

①地貌形态特征、分布和成因；

②划分地貌单元,地貌单元形成与岩性、地质构造及不良地质现象等的关系；

③各种地貌形态和地貌单元的发展演化历史。

（2）地层岩性的研究

地层岩性是工程地质条件最基本的要素和研究各种地质现象的基础,是工程地质测绘最主要的研究内容。工程地质测绘对地层岩性研究的内容包括：

①确定地层的时代和填图单位。

②各类岩土层的分布、岩性、岩相及成因类型。

③岩土层的正常层序、接触关系、厚度及其变化规律。

④岩土的工程性质等。

岩土是各类建筑物的地基,也可作为天然建筑材料。岩石和土是最基本的工程地质要素,是一切地质体的组成物质。它参与地质结构的组合,决定地形地貌和自然地质作用的发育特征,控制地下水的分布和矿产分布。

（3）地质构造的研究

工程地质条件中,结构构造因素是控制性因素,地质结构的研究具有重要意义。工程地质测绘对地质构造研究的内容包括：

①岩层的产状及各种构造形式的分布、形态和规模；

②软弱结构面（带）的产状及其性质,包括断层的位置、类型、产状、断距、破碎带宽度及充填胶结情况；

③岩土层各种接触面及各类构造的工程特性；

④近期构造活动的形迹、特点及与地震活动的关系等。

（4）不良地质作用

不良地质作用研究的目的,是为了评价建筑场地的稳定性,并预测其对各类岩土工程的不良影响。由于不良地质作用直接影响建筑物的安全、经济和正常使用,所以工程地质测绘时对测区内影响工程建设的各种不良地质作用必须详加研究。不良地质作用主要包括：

①调查滑坡、崩塌、岩堆、泥石流、蠕动变形、移动沙丘等不良地质作用的形成条件、规模、性质及发展状况。

②当岩基裸露地表或接近地表时,应调查岩石的风化程度。研究建筑区的岩体风化情况,分析岩体风化层厚度、风化物性质及风化作用与岩性、构造、气候、水文地质条件和地形地貌因素的关系。

（5）第四纪地质

第四纪地质调查主要包括以下内容：

①确定沉积物的年代,目前常用的方法有:生物地层法、岩相分析法、地貌学法和元素测定法;

②划分成因和类型:如第二章所述各类型岩土。

(6)地表水和地下水

在工程地质测绘中研究的水文地质包括地下水和地表水。一般需要查明以下内容:

①调查河流和小溪的水位、流量、流速、洪水位标高和淹没情况;

②了解水井的水位、水量及其变化情况;

③调查泉的出露位置、类型、温度及其变化情况;

④查明地下水的埋藏条件、水位变化规律和变化幅度;

⑤了解地下水的流向和水力坡度,地下水的类型和补给条件;

⑥了解水的化学成分及其对各种建筑材料的腐蚀性。

(7)其他调查研究

①已有建筑物的调查研究:对已有建筑物的观察实际上相当于一次1∶1的原型试验。根据建筑物变形、开裂情况。分析场地工程地质条件及验证已有评价的可靠性。

②天然建筑材料的调查研究:结合工程建筑的要求,就地寻找适宜的天然建材,并做出质量和储量评价。

**二、资料整理**

(1)检查外业资料

①检查各种野外记录和描述的内容是否齐全。

②详细核对各种原始图件所划分的地层、岩性、构造、地形地貌、地质成因界限是否符合野外实际情况。

③整理核对各种野外标本。

(2)编制图表

根据工程地质测绘的目的和要求,编制有关图表。工程地质测绘完成后,一般不单独给出测绘成果,一般将测绘成果附于某一阶段的勘察成果中。

工程地质测绘的图件包括实际材料图、综合工程地质图、工程地质分区图、综合地质柱状图、综合地质剖面图及各种素描图、照片、有关文字说明等。

**思考题**

1. 工程地质测绘的特点有哪些? 如何确定其测绘范围?

2. 工程地质测绘与调查有哪些主要内容?

3. 公路工程地质调查与测绘有什么要求?

4. 铁路工程地质调查与测绘有什么要求?

5. 工程地质测绘资料一般包括哪些内容?

# 第五章　勘探与取样

工程地质勘探是在工程地质测绘基础上,为进一步查明地表以下工程地质情况,如岩土层的空间分布及变化情况、地下水的埋深和类型以及对岩土参数开展原位测试时需要进行的工作。

取样是为给岩土特性进行鉴定和各种室内试验提供所需要的样品而进行的工作。

## 第一节　工程地质勘探

勘探包括钻探、井探、槽探、洞探、触探以及地球物理勘探等多种方法,勘探方法的选择首先应符合勘察目的的需要,还要考虑其是否适合于勘探区岩土的特性。如当勘探区土质较好、强度较高而所需探查的深度较深时,静力触探的方法就不是很适合。

### 一、钻探

#### 1. 钻探的目的和任务

钻探是指用一定的设备、工具(即钻机)来破碎地壳岩石或土层,从而在地壳中形成一个直径较小、深度较大的钻孔(直径相对较大者又称为钻井)的过程。工程地质钻探是岩土工程勘察的基本手段,其成果是进行工程地质评价和岩土工程设计、施工的基础资料。工程地质钻探的目的是为解决与建筑物(构筑物)有关的岩土体稳定问题、变形问题、渗流问题提供资料。工程地质钻探的任务可以随着勘察阶段的不同而不同,综合起来有如下几个方面:

(1)探察建筑场区的地层岩性、岩层厚度变化情况,查明软弱岩土层的性质、厚度、层数、产状和空间分布;

(2)了解基岩风化带的深度、厚度和分布情况;

(3)探明地层断裂带的位置、宽度和性质,查明裂隙发育程度及随深度变化的情况;

(4)查明地下含水层的层数、深度及其水文地质参数;

(5)利用钻孔进行灌浆、压水试验及土力学参数的原位测试;

(6)利用钻孔进行地下水位的长期观测,或对场地进行降水以保证场地岩(土)的相关结构的稳定性(如基坑开挖时降水或处理滑坡等地质问题)。

#### 2. 钻探的基本程序

钻探过程包含三个基本程序:

(1)破碎岩土。要在地壳中形成钻孔,首先要进行破碎岩土的钻进工作,钻进可以采用人力或机械力(绝大多数情况下采用机械钻进),以冲击力、剪切力或研磨形式使小部分岩土脱离母体而成为粉末、小岩土块或岩土芯的过程称为破碎岩土。在孔底将岩土全部破碎成粉末或小块的钻进方法称为"全面钻进"。而钻进过程中只破坏孔底环状部分岩土,中间岩土芯保留的钻进方法称为"取芯钻进"。

（2）采取岩土芯或排除破碎岩土，这一过程又分为三种方法：一是采用机械的方法，如用取样器、勺钻等取出岩土芯或碎块粉末；二是将岩粉或岩土碎块与水混合成岩粉浆或泥浆后，用抽筒抽出地表，如冲击钻；三是用流体（泥浆、清水、乳化液或空气）作为循环介质，将破碎的岩屑、土块输送到地表。

（3）加固孔壁。当在地壳中形成钻孔之后，钻孔周围原来的地层平衡稳定状态遭到破坏，继而可能引起孔壁坍塌。因此钻孔后必须对孔壁进行加固，加固的方法有三种：一是借助于循环液的静水压力来平衡地层的侧向压力以维持其稳定，这种方法在现代的反循环钻进中得到充分利用；二是用惰性材料或化学材料对孔壁进行处理加固，常用的惰性材料有水泥、黏土，化学材料有混入循环液中的泥浆处理剂，还有直接注入钻孔中的堵漏剂，如氰凝、丙凝等；三是用金属或非金属的套管下入钻孔中以支撑孔壁，这种方法虽然可靠，但成本较高。

**3. 钻探方法及适用范围**

工程地质钻探根据岩土破碎方法的不同，分为四种钻探方法：

（1）冲击钻探。该法利用钻具重力和下落过程中产生的冲击力使钻头冲击孔底岩土并使其产生破坏，从而达到在岩土层中钻进的目的。它又包括冲击钻探和锤击钻探。根据使用工具不同还可以分为钻杆冲击钻进和钢丝绳冲击钻进。对于硬质岩土层（岩石层或碎石土）一般采用孔底全面冲击钻进；对于其他土层一般采用圆筒形钻头的刃口，借助于钻具冲击力切削土层钻进。

（2）回转钻探。此法采用底部焊有硬质合金的圆环状钻头进行钻进，钻进时一般要施加一定的压力，使钻头在旋转中切入岩土层以达到钻进的目的。它包括岩芯钻探、无岩芯钻探和螺旋钻探，岩芯钻进为孔底环状钻进，螺旋钻进为孔底全面钻进。

（3）振动钻探。采用机械动力产生的振动力，通过连接杆和钻具传到钻头，由于振动力的作用使钻头能更快地破碎岩土层，因而钻进较快。该方法适合在土层中，特别是颗粒组成相对细小的土层中采用。

（4）冲洗钻探。此法是利用高压水流冲击孔底土层，使结构破坏，土颗粒悬浮并最终随水流循环流出孔外的钻进方法。由于是靠水流直接冲洗，因此无法对土体结构及其他相关特性进行观察鉴别。

需要说明的是，上述四种方法各有特点，分别适应于不同的勘察要求和岩土层性质，详细情况见表5-1。

**钻探方法的适用范围**　　　　　　　　　　　　　　　　　　　　　表5-1

| 钻探方法 | | 钻进地层 | | | | | 勘察要求 | |
| --- | --- | --- | --- | --- | --- | --- | --- | --- |
| | | 黏性土 | 粉土 | 砂土 | 碎石土 | 岩石 | 直观鉴别，采取不扰动试样 | 直观鉴别，采取扰动试样 |
| 回转 | 螺旋钻探 | ＋＋ | ＋ | ＋ | － | － | ＋＋ | ＋＋ |
| | 无岩芯钻探 | ＋＋ | ＋＋ | ＋＋ | ＋ | ＋＋ | － | － |
| | 岩芯钻探 | ＋＋ | ＋＋ | ＋＋ | ＋ | ＋＋ | ＋＋ | ＋＋ |
| 冲击 | 冲击钻探 | － | ＋ | ＋ | ＋＋ | － | － | － |
| | 锤击钻探 | ＋＋ | ＋＋ | ＋＋ | ＋ | － | ＋＋ | ＋＋ |

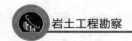 

续上表

| 钻探方法 | | 钻进地层 | | | | | 勘察要求 | |
|---|---|---|---|---|---|---|---|---|
| | | 黏性土 | 粉土 | 砂土 | 碎石土 | 岩石 | 直观鉴别，采取不扰动试样 | 直观鉴别，采取扰动试样 |
| 振动钻探 | 振动钻探 | + + | + + | + + | + | – | + | + + |
| 冲洗钻探 | 冲洗钻探 | + | + + | + + | – | – | – | – |

注：1. + + 表示适用；+ 表示部分适用；– 表示不适用。

2. 浅部土层可采用下列方法钻探：小口径麻花钻钻进、小口径勺形钻钻进、洛阳铲钻进。

**4. 钻探的技术要求**

（1）钻孔口径及钻具规格。钻探口径及钻具规格应符合表5-2的要求。

钻孔口径及相应的钻具规格 表5-2

| 钻孔口径（mm） | 钻具口径及相应的钻具规格（mm） | | | | | | | | | | 相当于DCDMA标准的级别 |
|---|---|---|---|---|---|---|---|---|---|---|---|
| | 岩芯外管 | | 岩芯内管 | | 套管 | | 钻杆 | | 绳索钻杆 | | |
| | $D$ | $d$ | $D$ | $d$ | $D$ | $d$ | $D$ | $d$ | $D$ | $d$ | |
| 36 | 35 | 29 | 26.5 | 23 | 45 | 38 | 33 | 23 | | | E |
| 46 | 45 | 38 | 35 | 31 | 58 | 49 | 43 | 31 | 43.5 | 34 | A |
| 59 | 58 | 51 | 47.5 | 43.5 | 73 | 63 | 54 | 42 | 55.5 | 46 | B |
| 75 | 73 | 65.5 | 62 | 56.5 | 89 | 81 | 67 | 55 | 71 | 61 | N |
| 91 | 89 | 81 | 77 | 70 | 108 | 99.5 | 67 | 55 | — | — | — |
| 110 | 108 | 99.5 | — | — | 127 | 118 | | | | | |
| 130 | 127 | 118 | — | — | 146 | 137 | | | | | |
| 150 | 146 | 137 | — | — | 168 | 156 | | | | | S |

注：标准为美国金刚石钻机制造者协会标准。

钻孔口径应根据钻探目的和钻进工艺确定，应当满足取样、原位测试的要求。对要采取原状土样的钻孔，口径不得小于91mm；对仅需鉴别地层岩性的钻孔，口径不宜小于36mm；而在湿陷性黄土中的钻孔，钻孔口径不宜小于150mm。在确定钻孔口径后，可根据表5-2确定钻具的规格。

（2）钻进方法的要求。

①对要求鉴别地层和取样的钻孔，均应采用回钻方式钻进以取得岩土样品。遇到卵石、漂石、碎石、块石等不适合回转钻进的土层时，可改用振动回转方式钻进。

②在地下水位以上土层中应进行干钻，不得使用冲洗液，不得向孔内注水，但可采用能隔离冲洗液的二重或三重管钻进取样。

③钻进岩层宜采用金刚石钻头，对软质岩层及风化破碎带应采用双层岩芯管钻头钻进。需要测定岩石质量指标 $RQD$ 时应采用外径75mm的双层岩芯管钻头。

④在湿陷性黄土中必须采用螺旋钻头钻进。

（3）钻孔护壁的技术要求。对可能坍塌的地层应采取钻孔护壁措施。在浅部填土及其他松散土层中可采用套管护壁。在地下水位以下的饱和软黏土土层、粉土层及砂层中宜采用泥浆护壁,在破碎岩层中可视需要采用优质泥浆、水泥浆或化学浆液护壁。冲洗液严重漏失时,应采取充填封闭等堵漏措施。

(4)钻进时,应保证孔内水头压力等于或稍大于周围的地下水水压,提钻时,应通过钻头向孔底通气通水,以防止孔底土层由于负压而受到扰动破坏。

(5)钻进深度、岩土分层深度量测误差应小于0.05mm。

(6)孔斜的要求及测量。深度超过100m的钻孔以及有特殊要求的钻孔,应测斜、防斜,保持钻孔的垂直度或预计的倾斜角度与倾斜方向。对垂直孔,每测量一次垂直度,每100m允许偏差为±2°。对斜孔,每25m测量一次倾斜角和方位角,允许偏差应根据勘探设计要求确定。钻孔超过允许倾斜度和方位角的偏差值时,应采取纠正措施。倾角及方位角的量测精度应分别小于±0.1°和±3°

(7)需进行取样或原位测试的钻孔,尚应满足《建筑工程地质勘探与取样技术规程》(JGJ/T 87—2012)及其他测试技术规范的要求。

(8)岩芯钻探的岩芯采取率要求。对一般岩石不应低于80%,对于破碎岩石不应低于65%。对需重点查明的部位(如滑动带、软弱夹层等),应采用双层岩芯管连续取芯。

(9)进尺的要求。在岩层中钻进时,回次进尺不应超过岩芯管的长度,在软质岩层中不应超过2.0m;在土层中采用螺旋钻头钻进,回次进尺不宜大于1.0m;在持力层或需重点研究、观察部位钻进时,回次进尺不宜超过0.5m。对于水下粉土、砂土可用分式取土器或标贯器取样,间距不应大于1.0m。

(10)钻进过程中遇到地下水时,应停钻量测初见水位。为准确测得地下水位,对砂土应在停钻30min后测量,对粉土应在1h后测量,黏性土停钻时间不能少于24h,并于全部钻孔完成后同一天统一量取各孔的静止水位。水位量测允许误差为±1cm。当钻探深度范围内有多个含水层时,应分层测量地下水位。在钻穿第一个含水层并量测静止水位后,应采用套管隔水,抽干钻孔内存水,变径继续钻进,以便对下一个含水层水位进行观测。

### 二、坑探

当钻探方法难以准确查明地下岩土层情况时,可以采用坑探进行勘探。由于钻探的钻孔孔径一般较小,人工不能直接进入观察,因而难以对较大范围岩土层的性质或地质构造等地质现象作完整准确的了解,加上采样率的限制,对于细节问题了解也存在困难。而探井、探槽等是采用人工或机械的方式挖掘形成坑、槽,揭开地层的范围比较大,人可以进入其中进行详细的观测描述,能直接观测岩土层的天然状态以及各地层之间的接触关系,还可以取出接近实际的原状结构土样,所以可以更加全面深入地了解地下的情况,因此它具有其他勘察手段无法取代的作用。它的缺点是探察的深度较浅,对于地下水位以下深度的勘探也比较困难。岩土工程勘探中常用的坑探工程有:探槽、试坑、浅井、竖井、平硐和石门等(图5-1),其特点及用途详见表5-3。

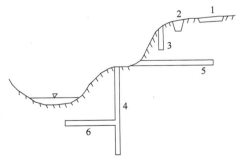

图5-1　岩土工程勘察常用坑探示意图
1-探槽;2-试坑;3-浅井;4-竖井;5-平硐;6-石门

各种坑探工程的特点和用途　　　　　　　　　　　　表 5-3

| 类　型 | 特　点 | 用　途 |
|---|---|---|
| 试坑 | 深数厘米的小坑,形状不定 | 局部剥除地表覆土,揭露基岩 |
| 探槽 | 从地表垂直岩层走向或构造线方向挖掘成深度不大(小于 3～5m)的长条形槽 | 追索构造线、断层,探查残积坡积层及风化层的厚度和岩性 |
| 浅井 | 从地表向下垂直,断面呈圆形或方形,深 5～15m | 确定覆盖层及风化层的岩性和厚度,取原状土样,进行载荷试验、渗水试验等 |
| 竖井 | 形状与浅井相同,但深度可超过 20m,一般在平缓山地、漫滩、阶地等岩层较平缓的地方,有时需要进行支护 | 了解覆盖层厚度及性质、构造线、岩层破碎情况、岩溶、滑坡等,对岩层倾向角较缓时效果较好 |
| 平硐 | 在地面有出口的水平坑道,深度较大,适用于岩层产状较陡的基岩岩层探查 | 调查斜坡地质构造,对查明地层岩性、软弱夹层、破碎带、风化岩层效果较好,也可以进行取样或做原位试验 |
| 石门(平巷) | 不露出地面而与竖井相连的水平坑道,石门垂直岩层走向,与平巷平行 | 了解河底地质结构,做试验等 |

对探井、探槽、探洞进行观测时,除应进行文字记录外,还要绘制剖面图、展开图等以反映井、槽、洞壁及其底部的岩性、地层分界、构造特征。如进行取样或原位试验时,还要在图上标明取样和原位试验的位置,并辅以代表性部位的彩色照片。

竖井、平洞一般用于坝址、地下工程、大型边坡工程等的勘察中,其深度、长度及断面的位置等可按工程需要确定。

需要注意的是,探井、探槽、探洞开挖过程中,应采取有效措施,以保障人身安全和设备安全。

### 三、地球物理勘探

地球物理勘探简称物探,它是基于不同的地层岩性、不同的地质单元具有不同的物理学性质的特点,以地球物理的方法来探测地层的分界线、面及地质构造线面以及异常点(区域)的探察方法。物探主要通过岩土介质的电性差异、磁场差异、重力场差异、放射性辐射差异以及弹性波传播速度差异等,来解决地质学问题。物探的具体方法有多种,主要可分为以下几大类:电法勘探、磁法勘探、重力勘探、地震勘探、放射性勘探、井中地球物理测量(也称地球物理测井)以及地球物理遥感测量等。由于方法众多,这里不可能对它们进行详细介绍,只概略介绍其主要原理和在工程地质方面的主要应用,以帮助读者从总体上对物探方法有所了解,以便在日后工作中能正确选用相应的物探方法,解决具体的工程地质问题。现将各主要物探方法的原理和适用范围列于表 5-4。

各主要物探方法的原理和适用范围　　　　　　　　　　　　表 5-4

| 方　法　名　称 | | 基　本　原　理 | 适　用　范　围 |
|---|---|---|---|
| 电法勘探 | 自然电场法 | 以各种岩土层的电学性质差异为前提,来探测地下的地质情况。这些电学性质主要包括:导电性(电阻率)、电化学活动性、介电性等 | 1. 探测隐伏断层、破碎带;<br>2. 测定地下水流速、流向 |
| | 充电法 | | 1. 探测地下洞穴;<br>2. 测定地下水流速、流向;<br>3. 探测地下或水下隐埋物体;<br>4. 探测地下管线 |

| 方法名称 | | 基本原理 | 适用范围 |
|---|---|---|---|
| 电法勘探 | 电阻率测深 | 以各种岩土层的电学性质差异为前提,来探测地下的地质情况。这些电学性质主要包括:导电性(电阻率)、电化学活动性、介电性等 | 1.测定基岩埋深,划分松散沉积层序和基岩风化带;<br>2.探测隐伏断层、破碎带;<br>3.探测地下洞穴;<br>4.测定潜水面深度和含水层分布;<br>5.探测地下或水下隐伏物体 |
| | 电阻率剖面 | | 1.测定基岩埋深;<br>2.探测隐伏断层、破碎带;<br>3.探测地下洞穴;<br>4.探测地下或水下隐伏物体 |
| | 高密度电阻率 | | 1.测定潜水面深度和含水层分布;<br>2.探测地下或水下隐伏物体 |
| | 激发极化法 | | 1.探测隐伏断层、破碎带;<br>2.探测地下洞穴;<br>3.划分松散沉积层序;<br>4.测定潜水面深度和含水层分布;<br>5.探测地下或水下隐伏物体 |
| 磁法勘探 | 甚低频 | 利用特殊岩土体的磁场异常和地磁波的传播(包括在不同介质分界面上的反射、折射)异常情况进行勘探 | 1.探测隐伏断层、破碎带;<br>2.探测地下或水下隐伏物体;<br>3.探测地下管线 |
| | 频率测深 | | 1.测定基岩埋深,划分松散沉积层序和基岩风化带;<br>2.探测隐伏断层、破碎带;<br>3.探测地下洞穴;<br>4.测定潜水层深度和含水层分布;<br>5.探测地下或水下隐伏物体;<br>6.探测地下管线 |
| | 电磁感应法 | | 1.测定基岩埋深;<br>2.探测隐伏断层、破碎带;<br>3.探测地下洞穴;<br>4.探测地下或水下隐伏物体;<br>5.探测地下管线 |
| | 地质雷达 | | 1.测定基岩埋深,划分松散沉积层序和基岩风化带;<br>2.探测隐伏断层、破碎带;<br>3.探测地下洞穴;<br>4.测定潜水层深度和含水层分布;<br>5.探测河床水深及沉积泥沙厚度;<br>6.探测地下或水下隐伏物体;<br>7.探测地下管线 |
| | 地下电磁波法<br>(无线电波透视法) | | 1.探测隐伏断层、破碎带;<br>2.探测地下洞穴;<br>3.探测地下或水下隐伏物体;<br>4.探测地下管线 |

| 方　法　名　称 | | 基　本　原　理 | 适　用　范　围 |
|---|---|---|---|
| 地震波勘探 | 折射波法 | 根据弹性波在不同介质中传播速度的差异,以及弹性波在具有不同声阻抗介质界面处的反射、折射特征进行勘探 | 1.测定基岩埋深,划分松散沉积层序和基岩风化带;<br>2.测定潜水层深度和含水层分布;<br>3.探测河床水深及沉积泥沙厚度 |
| | 反射波法 | | 1.测定基岩埋深,划分松散沉积层序和基岩风化带;<br>2.探测隐伏断层、破碎带;<br>3.探测地下洞穴;<br>4.测定潜水面深度和含水层分布;<br>5.探测河床水深及沉积泥沙厚度;<br>6.探测地下或水下隐伏物体;<br>7.探测地下管线 |
| | 直达波法（单孔或跨孔法） | | 划分松散沉积层序和基岩风化带 |
| | 瑞利波法 | | 测定基岩埋深,划分松散沉积层序和基岩风化带;<br>探测隐伏断层、破碎带;<br>探测地下洞穴;<br>探测地下隐埋物体;<br>探测地下管线 |
| | 声波法 | | 测定基岩埋深,划分松散沉积层序及基岩风化带;<br>探测隐伏断层、破碎带;<br>探测含水层;<br>探测洞穴和地下或水下隐埋物体;<br>探测地下管线;<br>探测滑坡体的滑动面 |
| | 声呐浅层剖面法 | | 探测河床水深及沉积泥沙厚度;<br>探测地下或水下隐埋物体 |
| 地球物理测井（放射性测井、电测井、电视测井外） | | 在探井中直接对被探测层进行各种各样的地球物理测量,从而了解其物理性质的差异 | 探测地下洞穴;<br>划分松散沉积层序及基岩风化带;<br>测定潜水面深度和含水层分布;<br>探测地下或水下隐伏物体 |

# 第二节　岩　土　取　样

## 一、土样质量等级划分

工程地质钻探的任务之一是采取岩土的试样,用来对其观察、鉴别或进行各种物理力学的试验。一般而言,不同的使用目的对于岩土样品的要求也是不一样的,如果仅仅是要对岩性进行鉴别,则岩芯是否完整就不重要了。而如果仅仅是对土进行定名、分类,则土样即使受到扰动也对其没有影响。但是多数情况下岩土样可能是多用途的,因此在采取土样时,应尽量减少对其的扰动,即要采取原状土样。所谓"原状土样"是指能保持原有的天然结构未受破坏的土样。相应地,如果试样的天然结构已遭到破坏,则称为"扰动土样"。在实际勘探过程中,要取得完全不受扰动的原状土样是不可能的,这是由三个方面的因素决定的,第一,土样脱离母体后,原来所受到的围压突然解除,土样的应力状态与原来相比发生了变化,这在一定程度上会影响土样的结构;第二,钻探及采样过程中,钻具在钻压过程中必然要对周围土体(包括土样原来所在区域)产生一定程度上的扰动;第三,采取土样时要使用取土器,无论何种取土器都有一定的壁厚、长度和面积,它在压入过程中,也使土样受到一定的扰动。所以一般所说的原状土样只是相对扰动程度较小而已。

按照取样方法和试验目的的不同,现行的《岩土工程勘察规范》(GB 50021—2001)将土样分成 4 个质量等级,具体见表 5-5。

**土试样质量等级划分** 表 5-5

| 土 样 级 别 | 扰 动 程 度 | 试 验 内 容 |
|---|---|---|
| Ⅰ | 不扰动 | 土类定名、含水率、密度、强度试验、固结试验 |
| Ⅱ | 轻微扰动 | 土类定名、含水率、密度 |
| Ⅲ | 显著扰动 | 土类定名、含水率 |
| Ⅳ | 完全扰动 | 土类定名 |

注:1. 不扰动是指原位应力状态虽已改变,但土的结构、密度、含水率变化很小,可以满足各项室内试验要求。

2. 除了甲级基础工程外,如确无条件采取Ⅰ级土样,在工程技术条件允许的情况下,可用Ⅱ级土样代替,但宜先对土样受扰动程度作出鉴定,判定用于试验的适用性,并结合地区经验使用试验成果。

表 5-5 虽然给出了根据扰动程度进行土样质量等级划分的依据,但是土样扰动程度的确定也具有一定的难度,需要综合多方面的因素进行。一般而言,可根据下列几个方面加以确定:

(1)现场外观检查,观察土样是否完整,有无缺失,取样管或衬管是否挤扁、弯曲、卷折等。

(2)测定回收率。

$$回收率 = L/H$$

式中:$H$——取样时取样器贯入孔底以下土层的深度;

$L$——土样长度,可取土试样毛长,即可从试样顶端算至取土器刃口,下部如有脱落可不扣除。回收率等于 0.98 左右是最理想的,大于 1.0 或小于 0.95 是土样受扰动的标志。

(3)通过射线检验,可发现土样裂纹、孔洞及粗粒包裹体等土样可能受到扰动的标志。

(4)室内试验评价。由于土的力学性质参数对试样的扰动十分敏感,土样受扰动的程度可以通过力学性质试验反映出来,最常见的试验判别方法有两种:一是根据应力—应变关系评价。随着土样扰动程度的增加,破坏应变增加,峰值应力降低,应力—应变关系曲线趋于平缓。根据国际土力学与基础工程学会取样分会汇集的资料,不同地区对不扰动土样作不排水压缩试验得出的破坏应变值分别为:加拿大黏土,1%;前南斯拉夫黏土,1.5%;日本海相黏土,6%;法国黏土,3%~8%;新加坡海相黏土,1%。如果测得的破坏应变值大于上述特征值,该土样就可以认为是受扰动的。二是根据压缩曲线特征评定。先定义扰动指数:

$$I_D = \Delta e_0 / \Delta e_m$$

式中:$\Delta e_0$——原位孔隙比与土样在先期固结压力处孔隙比的差值;

$\Delta e_m$——原位孔隙比与重塑土在上述压力处孔隙比的差值。

如先期固结压力未能确定,可改用体积应变作为评价指标:

$$\varepsilon_v = \Delta V/V = \Delta e/(1 + e_0)$$

式中:$e_0$——土样初始孔隙比;

$\Delta e$——加荷至自重压力时的孔隙比变化量。

需要说明的是,上述指标的特征值受多种因素控制,它不仅与土样扰动程度有关,而且还受土的沉积类型、应力历史等条件影响,同时也与试验方法有关。因此对于不同地区,不同土质类型是无法找到统一的判断标准的,各个地方应在反复试验、积累数据的基础上建立适合于自身的标准。此外,上述标准只是取样后对其扰动状态的事后判断,为了能取到合乎要求的土试样,重点应当放在取样前的精心准备和取样过程的严格控制,这才是对土试样进行质量等级划分的指导思想所在。

**二、不同等级土样的取样方法及取样工具**

取样过程中,对土样扰动程度影响最大的因素是所采用的取样方法和取样工具。从取样方法来讲,基本可以分为两种,一是从探井、探槽中直接刻取土样;二是用钻孔取土器从钻孔中采取。对于埋深较大的岩土层,其岩土样品的采取主要是采用第二种方法,即用钻孔取土器采样的方法,所以我们首先来看一下钻孔取土器的分级分类。钻孔取土器按适合的土样质量等级分为Ⅰ、Ⅱ两级,Ⅰ级又分为两个亚级,具体内容可见表5-6。此外按取土器进入岩土层的方式的不同,又可分为贯入式取土器和回转式取土器两类。

**钻孔取土器分级**                         表5-6

| 取 土 器 分 类 | | 取 土 器 名 称 |
|---|---|---|
| Ⅰ | $I_a$ | 固定活塞薄壁取土器、水压式固定活塞薄壁取土器 |
| | | 单动二(三)重管回转取土器 |
| | | 双动二(三)重管回转取土器 |
| | $I_b$ | 自由活塞薄壁取土器 |
| | | 敞口薄壁取土器、束节式取土器 |
| Ⅱ | | 厚壁取土器 |

由于不同的取样方法和取样工具对土样的扰动程度不同,因此,中华人民共和国国家标准《岩土工程勘察规范》(GB 50021—2001)对于不同等级土试样适用的取样方法和工具作了具体规定,其内容具体见表5-7。

**不同质量等级土试样的取样方法和工具**                         表5-7

| 土式样质量等级 | 取样方法和工具 | | 适 用 土 类 | | | | | | | | | |
|---|---|---|---|---|---|---|---|---|---|---|---|---|
| | | | 黏性土 | | | | | 粉土 | 砂土 | | | | 砂砾、碎石、软岩 |
| | | | 流塑 | 软塑 | 可塑 | 硬塑 | 坚硬 | | 粉砂 | 细砂 | 中砂 | 粗砂 | |
| Ⅰ | 薄壁取土器 | 固定活塞、水压固定活塞 | ++ | ++ | + | − | − | + | + | − | − | − | − |
| | | | ++ | ++ | + | − | − | + | + | − | − | − | − |

续上表

| 土式样质量等级 | 取样方法和工具 | | 适用土类 | | | | | | | | | | 砂砾、碎石、软岩 |
|---|---|---|---|---|---|---|---|---|---|---|---|---|---|
| | | | 黏性土 | | | | | 粉土 | 砂土 | | | | |
| | | | 流塑 | 软塑 | 可塑 | 硬塑 | 坚硬 | | 粉砂 | 细砂 | 中砂 | 粗砂 | |
| I | 薄壁取土器 | 自由活塞、敞口 | − | + | ++ | − | − | + | + | − | − | − | − |
| | | | + | + | + | − | − | + | + | − | − | − | − |
| | 回转取土器 | 单动三重管 | − | + | ++ | ++ | − | ++ | ++ | ++ | − | − | − |
| | | 双动三重管 | − | − | − | + | ++ | − | − | − | ++ | ++ | + |
| | 探井(槽)中刻取块状土样 | | ++ | ++ | ++ | ++ | ++ | ++ | ++ | ++ | ++ | ++ | ++ |
| II | 薄壁取土器 | 水压固定活塞、自由活塞、敞口 | ++ | ++ | + | − | − | + | + | − | − | − | − |
| | | | + | ++ | ++ | − | − | + | + | − | − | − | − |
| | | | ++ | ++ | ++ | − | − | + | + | − | − | − | − |
| | 回转取土器 | 单动三重管、双动三重管 | − | + | ++ | + | − | ++ | − | − | − | − | − |
| | | | − | − | − | + | ++ | − | − | − | ++ | ++ | + |
| III | 厚壁敞口取土器、标准贯入器、螺纹钻头、岩心钻头 | | ++ | ++ | ++ | ++ | ++ | ++ | ++ | ++ | ++ | ++ | ++ |
| | | | ++ | ++ | ++ | ++ | ++ | ++ | ++ | ++ | ++ | ++ | ++ |
| | | | ++ | ++ | ++ | ++ | ++ | + | − | − | − | − | − |
| | | | ++ | ++ | ++ | ++ | ++ | ++ | ++ | ++ | − | − | ++ |
| IV | 标准贯入器、螺纹钻头、岩心钻头 | | ++ | ++ | ++ | ++ | ++ | ++ | ++ | ++ | ++ | ++ | ++ |
| | | | ++ | ++ | ++ | ++ | ++ | + | − | − | − | − | − |
| | | | ++ | ++ | ++ | ++ | ++ | ++ | ++ | ++ | ++ | ++ | ++ |

注:1. ＋＋表示适用;＋表示部分适用;－表示不适用。
　　2. 采取砂土试样时,应有防止试样失落的补充措施。
　　3. 有经验时,可采用束节式取土器代替薄壁取土器。

从表 5-7 中可以看出,对于质量等级要求较低的Ⅲ、Ⅳ级土样,在某些土层中可利用钻探的岩芯钻头或螺纹钻头以及标贯试验的贯入器进行取样,而不必采用专用的取土器。由于没有黏聚力,无黏性土取样过程中容易发生土样散落,所以从总体上讲,无黏性土对取样器的要求比黏性土要高。

取土器的外形尺寸及管壁厚度对土样的扰动程度有着重要的影响,因此,规范对每一种取土器的尺寸外形也作了规定,具体如表 5-8 及表 5-9 所示。

**贯入式取土器的技术参数**　　　　表 5-8

| 取土器参数 | 厚壁取土器 | 薄壁取土器 | | | 束节式取土器 | 黄土取土器 |
|---|---|---|---|---|---|---|
| | | 敞口自由活塞 | 水压固定活塞 | 固定活塞 | | |
| 面积比 $\dfrac{D_w^2 - D_c^2}{D_c^2} \times 100(\%)$ | 13~20 | ≤10 | 10~13 | | | 15 |
| 内间隙比 $\dfrac{D_s^2 - D_c^2}{D_c^2} \times 100(\%)$ | 0.5~1.5 | 0 | 0.5~1.0 | | | 1.5 |

续上表

| 取 土 器 参 数 | 厚壁取土器 | 薄壁取土器 | | | 束节式取土器 | 黄土取土器 |
|---|---|---|---|---|---|---|
| | | 敞口自由活塞 | 水压固定活塞 | 固定活塞 | | |
| 外间隙比 $\dfrac{D_w^2 - D_t^2}{D_t^2} \times 100$（%） | 0～2.0 | 0 | | | | 1.0 |
| 刃口角度 $\alpha$（°） | <10 | 5～10 | | | | 1.0 |
| 长度 $L$（mm） | 400、550 | 对砂土：<br>对黏性土： | | | | |
| 外径 $D_t$（mm） | 75～89、108 | 75、100 | | | 50、75、100 | 127 |
| 衬管 | 整圆或半合管，由塑料、酚醛层压纸或镀锌铁皮制成 | 无衬管，束节式取土器衬管所用材料同左相邻列 | | | 塑料、酚醛层压纸或用环刀 | 塑料、酚醛层压纸 |

注：1. 取样管及衬管内壁必须圆整。

2. 特殊情况下取土器的直径可增大至150～250mm。

3. 表中符号：$D_e$ 为取土器刃口内径；$D_s$ 为取样管内径，加衬管时为衬管内径；$D_t$ 为取样管外径；$D_w$ 为取土器管靴外径，对薄壁管 $D_w = D_t$。

回转型取土器的技术参数                                    表 5-9

| 取 土 器 类 型 | | 外径（mm） | 土样直径（mm） | 长度（mm） | 内管超前 | 说 明 |
|---|---|---|---|---|---|---|
| 双重管（加内衬管即为三重管） | 单动 | 102 | 71 | 1500 | 固定 | 直径、规格可视财力稍作变动，单土样直径不得小于71mm |
| | | 140 | 104 | | 可调 | |
| | 双动 | 102 | 71 | 1500 | 固定 | |
| | | 140 | 104 | | 可调 | |

### 三、钻孔取样的一般要求

除了在探井（洞、槽）中直接刻取岩土样品外，绝大多数情况下岩土样的采取是在钻孔中进行的，钻孔取样除了上述取样方法和取样工具的要求外，还对钻孔过程及取样过程有一定的要求，详细的要求可查看中华人民共和国行业标准《建筑工程地质勘探与取样技术规程》（JGJ/T 87—2012），这里仅介绍其要点。首先，对采取原状土样的钻孔，其孔径必须要比取土器外径大一个等级。其次，在地下水位以上应采用干法钻进，不得注水或使用冲洗液，而在地下水位以下钻进时应采用通气通水的螺旋钻头、提土器或岩芯钻头。在鉴别地层方面无严格要求时，也可以采用侧喷式冲洗钻头成孔，但不得采用底喷式冲洗钻头。当土质较硬时，可采用二（三）重管回转取土器，取土钻进合并进行。再次，在饱和黏性土、粉土、砂土中钻进时，宜采用泥浆护壁。采用套管时，应先钻进再跟进套管，套管下设深度与取样位置之间应保留三倍管径以上的距离，不得向未钻过孔的土层中强行击入套管。此外，钻进宜采用回转方式；在采取原状土样的钻孔中，不宜采用振动或冲击方式钻进。最后，要求取土器下放之前应清孔。采用敞口式取样器时，残留浮土厚度不得超过 5cm。

当采用贯入式取土器取样时，还应满足下列要求：

（1）取土器应平稳下放，不得冲击孔底。取土器下放后，应核对孔深和钻具长度，发现残留浮土厚度超过要求时,应提起取土器重新清孔。

（2）采取Ⅰ级原状土试样,应采用快速、连续的静压方式贯入取土器,贯入速度不小于0.1m/s。当利用钻机的给进系统施压时,应保证具有连续贯入的足够行程。采取Ⅱ级原状土试样可使用间断静压方式或重锤少击方式。

（3）在压入固定活塞取土器时,应将活塞杆牢固地与钻架连接起来,避免活塞向下移动。在贯入过程中监视活塞杆的位移变化时,可在活塞杆上设定相对于地面固定点的标志,测记其高差。活塞杆位移量不得超过总贯入深度的1%。

（4）贯入取样管的深度宜控制在总长的90%左右。贯入深度应在贯入结束后仔细量测并记录。

（5）提升取土器之前,为切断土样与孔底土的联系,可以回转2～3圈或者稍加静置之后再提升。

（6）提升取土器应做到均匀平稳,避免磕碰。

当采用回转式取土器取样时,还应满足下列要求:

（1）采用单动、双动二（三）重管采取原状土试样,必须保证平稳回转钻进,使用的钻杆应事先校直。为避免钻具抖动,造成土层的扰动,可在取土器上加节重杆。

（2）冲洗液宜采用泥浆。钻进参数宜根据各场地地层特点通过试钻确定,或根据已有经验确定。

（3）取样开始时应将泵压、泵量减至能维持钻进的最低限度,然后随着进尺的增加,逐渐增加至正常值。

（4）回转取土器应具有可改变内管超前长度的替换管靴。内管管口至少应与外管齐平,随着土质变软,可使内管超前增加至50～150mm。对软硬交替的土层,宜采用具有自动调节功能的改进型单动二（三）重管取土器。

（5）在硬塑以上的硬质黏性土、密实砾砂、碎石土和软岩中,可使用双动三重管取样器采取原状土试样。对于非胶结的砂、卵石层,取样时可在底靴加置逆爪。

（6）在有充分经验的地区和可靠操作的保证下,采用无泵反循环钻进工艺,用普通单层岩芯管采取的砂样可作为Ⅱ级原状土试样。

### 四、钻孔原状土样的采取方法

土样的采取方法指将取土器压入土层中的方式及过程。采取方法应根据不同地层、不同设备条件来选择。常见的取样方法有如下几种:

（1）连续压入法

连续压入法也称组合滑轮压入法,即采用一组组合滑轮装置将取土器一次性快速压入土中。一般在浅层软土中用在人力钻或机动钻采样情况下。由于取土器进入土层过程是快速、均匀的,历时较短,因此能够使得土样较好地保持其原状结构,土样的边缘扰动很小甚至几乎看不到扰动的痕迹。由于连续压入法具有上述优越性,在软土层中应尽量用此法取样。

（2）断续压入法

此法取土器进入土层的过程不是连续的,而是要通过两次或多次间歇性压入才能完成,其效果不如连续压入法,因此仅在连续压入法无法压入的地层中采用。断续压入时,要防止将钻

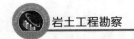

杆上提而造成土样被拔断或冲洗液侵入对土样造成破坏。

（3）击入法

此法在较硬或坚硬土层中采样时采用。它采用吊锤打击钻杆或取土器进行土样的采取。在钻孔上用吊锤打击钻杆而使取土器切入土层的方法称为上击式；在孔下用吊锤或加重杆直接打击取土器而进行取土的方法称为下击式。采用上击式取土方法时，锤击能量是由钻杆来传递的，如钻杆过长则在锤击力作用下会产生弯曲，弯曲到一定程度即会对土样产生附加的扰动，因此对钻杆的长度应当有所限制，即不应超过某一临界长度 $L$，临界长度 $L$ 可由欧拉公式求得：

$$L = \sqrt{\frac{CEJ}{P}} \quad (\text{cm})$$

式中：$P$——垂直锤击力，kg；

$\quad E$——钻杆钢材弹性模量，$kg/cm^2$，取值为 $2.2 \times 10^6 kg/cm^2$；

$\quad J$——钻杆转动惯量，$cm^4$，$J = \frac{\pi}{64}(d_1^4 - d_0^4)$；

$\quad d_0$、$d_1$——钻杆的内、外径；

$\quad C$——系数，取值 $\frac{\pi^2}{4}$。

当取样深度小于临界深度 $L$ 时，钻杆不会产生明显的纵向弯曲，采用上击式取土是有效的。但当取样深度大于 $L$ 时，钻杆柱产生了纵向弯曲，最大弯曲点接触孔壁，使传至取土器的冲击力大大减弱，在这种情况下上击式取土效果差。另外，钻杆本身也是一个弹性体，当重锤下击时，极易产生回弹振动，因而容易造成土样扰动。由于存在上述缺点，上击式取土只用于浅层硬土中。下击式取土由于重锤或加重杆在孔下直接打击取土器，避免了上击式取土所存在的一些问题。因此，它具有效率高、对土样扰动小、结构简单、操作方便等优点。下击式取土法采用在孔下取土器钻杆上套一穿心重杆的方法，用人力或机械提动重杆使之往复打击取土器而进行取土。在提动重杆或重锤时，应使提动高度不超过允许的滑动距离，以免将取土器从土中拔出而拔断土样。

（4）回转压入法

机械回转钻进时可用回转压入式取土器（双层取土器）采取深层坚硬土样或砂样。取土时，外管旋转刻取土层，内管承受轴心压力而压入取土。由于外管与内管为滚动式接触，因此内管只承受轴向压力而不回转，外管刻取的土屑随冲洗液循环而携出孔外。如果泵量过小，则土屑不能全部排出孔口而可能妨碍外管钻进，甚至进入内外管之间造成堵卡，使内管随外管转动而扰动土样。回转压入取土过程中应尽量不要提动钻具，以免提动内管而拔断土样。即使在不进尺的情况下提动钻具，也应控制提动距离，使之不超过内管与外管的可滑动范围。

**五、探井、探槽取样的一般要求**

（1）探井、探槽中采取的原状土试样宜用盒装。土样容器可采用 $\phi 120mm \times 200mm$ 或 $120mm \times 120mm \times 200mm$、$150mm \times 150mm \times 200mm$ 等规格。对于含有粗颗粒的非均质土，可按实验设计要求确定尺寸。土样容器宜做成装配式并具有足够刚度，避免因土样自重过大而产生变形。容器应有足够净空,使土样盛入后四周上下都留 10mm 的间隙。

(2)原状土试样的采取应按下列步骤:

①整平取样处的表面。

②按土样容器净空轮廓,除去四周土体,形成土柱,其大小比容器内腔尺寸小 20mm。

③套上容器边框,边框上缘高出土样柱约 10mm,然后浇入热蜡液,蜡液应填满土样与容器之间的空隙至框顶,并与之齐平,待蜡液凝固后,将盖板用螺钉拧上。

④挖开土样根部,使之与母体分离,再颠倒削去根部多余土料,使之低于边框约 10mm,再浇满热蜡液,待凝固后拧上底盖板。

在探井、探槽中按照上述要求采取的盒状土样,可作为 I 级原状土试样。

### 六、土样的现场检验、封存、储存及运输

土样从母体土层中被剥离后到最终进入室内试验尚需要经过现场封装、储存、运输等多个环节,这其中的任何一个环节处置不当均会对土样造成扰动甚至破坏,从而影响试验结果的准确性,因此对从取土器中取出土样及后续过程也应遵守相应的规定,否则可能会前功尽弃。

(1)取土器提出地面之后,小心地将土样连同容器(衬管)卸下,并应符合下列要求:

①以螺钉连接的薄壁管,卸下螺钉即可取下取样管;

②对丝扣连接的取样管、回转型取土器,应采用链钳、自由钳或专用扳手卸开,不得使用管钳之类易于使土样受挤压或使取样管受损的工具;

③采用外管非半合管的带衬管取土器时,应使用推土器将衬管与土样从外管推出,并应事先将推土端土样削至略低于衬管边缘,防止推土时土样受压;

④对各种活塞取土器,卸下取样管之前应打开活塞气孔,消除真空。

(2)对钻孔中采取的 I 级原状土试样,应在现场测定取样回收率。取样回收率大于 1.0 或小于 0.95 时,应检查尺寸量测是否有误,土样是否受压,根据情况决定土样废弃或降低级别使用。

(3)土样密封可选用下列方法:

①将上、下两端各去掉约 20mm,加上一块与土样截面面积相当的不透水圆片,再浇灌蜡液至与容器端齐平,待蜡液凝固后扣上胶皮或塑料保护帽;

②用配合适当的盒盖将两端盖严后,将所有接缝用纱布条蜡封或用胶带封口。

(4)每个土样封蜡后均应填贴标签,标签上下应与土样上下一致,并牢固地粘贴于容器外壁。土样标签应记载下列内容:

工程名称或编号;孔号、土样编号、取样深度;土类名称;取样日期;取样人姓名。

土样标签记载应与现场钻探记录相符。取样的取土器型号、贯入方法,锤击时击数、回收率等应在现场记录中详细记载。

(5)土样密封后应置于温度及湿度变化小的环境中,避免暴晒或冰冻。

(6)运输土样,应采用专用土样箱包装,土样之间用柔软缓冲材料填实。一箱土样总重不宜超过 40kg。

(7)对易于振动液化、水分离析的土样,不宜长途运输,应在现场就近进行室内实验。

(8)土样采取之后至开始土工实验之前的储存时间,不宜超过两周。

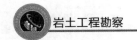

### 七、保证土样质量的主要措施

上面已提及,影响土样质量的因素,贯穿于钻孔、取样、封装、运输、保存等全过程。保证土样质量的常见措施有:

(1)保持钻孔的垂直度。钻孔的垂直度直接影响土样的质量与试验资料的准确性。若钻孔倾斜,则在下放取土器的过程中,取土器会刮削孔壁而使余土过多,因而使土样受挤压扰动。另外,由倾斜钻孔中取出的土样也是倾斜的,用这些土样进行试验所得到的土的力学指标是不符合实际情况的,按照这种试验结果进行土工计算和设计很可能会导致错误的结果。

(2)根据不同地层、不同埋深情况、不同设备条件合理选择相应的取土器和取土方法。这一点也非常关键,具体选择标准可参考表5-7的有关内容。

(3)保持孔内清洁。只有较彻底地清除孔底的废土碎屑,才能避免因余土过多而使土样受挤压扰动。

(4)保证取土器切入土层的速度。为了获得高质量的原状土样,提高取土器进入土层的速度是一个重要方面。取土器进入土层的速度与施加压力的大小和土层的性质、结构等因素密切相关。在取土器进入土层的过程中,虽然取土器的内壁比较光滑,但若切入速度较慢,土样的侧向膨胀会加大取土器内壁与土样之间的摩擦阻力而使土样受到扰动。反之,如取土器切入较快,不等土样膨胀,土样已顺利进入取土器中,则土样扰动程度相对较小。

(5)土样的封装、运输、保存应符合有关要求。

(6)钻进方法。为取得保持原状结构的土样,首先必须保证孔底土层没有因不恰当的钻进方法而受到扰动。这一点对结构性较强的土层尤为重要。

### 思考题

1.常用的坑探工程类型有哪几种?

2.钻探方法分哪几种? 如何选择?

3.常用的取样方法有哪几种,如何取样?

# 第六章 岩土工程原位测试

原位测试(In-site Tests):是指在岩土体所处的位置,基本保持岩土体原来的结构、湿度和应力状态,对岩土体进行的测试。原位测试也称原位试验或现场试验,目的是获得所测岩土层的物理力学性质指标,进行岩土层的划分以及工程施工质量检测等。原位测试适用的地层包括黏性土、粉土、砂性土、碎石土、软弱岩层、各种岩体以及各种类型人工土等。

原位测试的优点:可在拟建工程场地或现场边坡等岩土体上直接进行测试,基本保持了岩土体的现场原状试验条件,使试验结果更接近于实际;原位测试采用的岩土体试样要比室内试验样品大得多,因此更能反映岩土体的宏观结构(如裂隙、夹层等)对岩土体性质的影响;原位测试技术针对不同的岩土体均有相应的测试手段和方法;岩土体的原位测试,大多具有快速、经济的优点,并且能够与室内试验相互验证补充。

原位测试的缺点:岩土体的原位测试同样具有试样尺寸的局限性,所测参数也只能代表一定范围内的岩土体物理力学性质;有的原位测试方法是间接测试岩土体的物理力学性质,测试机理及应用有待进一步研究,测试参数具有统计意义;部分原位测试方法试验周期长,试验操作程序复杂,试验成本高,工程应用不易推广;目前原位测试自动化技术应用程度相对较低。

原位测试方法是解决大型、复杂岩土工程问题及其技术研究的主要手段之一。随着自动化测试技术和信息化技术的不断应用,原位测试的试验精度和试验进度也不断提高,同时,在原位测试基础上发展的现场在线监测测试技术也得到广泛应用和发展,进而推动了岩土工程技术的不断进步。

岩土工程中的原位测试常用技术包含如下种类:

(1)载荷试验(平板、螺旋板);

(2)静力触探试验;

(3)圆锥动力触探试验;

(4)标准贯入试验;

(5)十字板剪切试验;

(6)旁压试验;

(7)扁铲侧胀试验;

(8)现场剪切试验;

(9)波速测试;

(10)岩体原位应力测试;

(11)激振发测试。

不同的原位测试方法都有其适用范围和研究问题的针对性。因此,原位测试方法的选择应充分考虑工程类型或岩土工程问题、岩土条件、设计对参数的要求、地区经验和测试方法的实用性等因素。在选用原位测试方法和布置原位测试时,应注意各原位测试方法之间及其与钻探、室内试验的配合和对比。根据原位测试成果,利用地区经验关系估算岩土的物理力学参

数和地基承载力时,应检验其可靠性,并与室内试验和已有的工程反算参数进行对比。分析原位测试成果资料时,应注意仪器设备、试验条件、试验方法等对试验成果的影响,结合地层条件,剔除异常数据。

# 第一节 载 荷 试 验

载荷试验(简称PLT)是原位测试中应用较早的技术,也是测定岩土体变形及承载力的原位测试方法之一。载荷试验是在一个规定尺寸的刚性承压板上向地基土逐级施加荷载,测求地基土的压力与变形特性的原位测试方法。

载荷试验可用于测定承压板下应力主要影响范围内岩土的承载力和变形模量。浅层平板载荷试验适用于浅层地基土;深层平板载荷试验适用于深层地基土和大直径桩的桩端土;螺旋板载荷试验适用于深层地基土或地下水位以下的地基土。深层平板载荷试验的试验深度不应小于5m。

载荷试验应布置在有代表性的地点,每个场地不宜少于3个;当场地内岩土体不均时,应适当增加。浅层平板载荷试验应布置在基础底面标高处。

## 一、载荷试验技术要求

平板载荷试验被认为是原位测试方法中最直接、最真实、最可靠、最准确的,在实际工程的地质勘查中应用非常广泛。

(1)浅层平板载荷试验的试坑宽度或直径不应小于承压板宽度或直径的3倍;深层平板载荷试验的试井直径应等于承压板直径;当试井直径大于承压板直径时,紧靠承压板周围土的高度不应小于承压板直径。

(2)试坑或试井底的岩土应避免扰动,保持其原状结构和天然湿度,并在承压板下铺设不超过20mm的砂垫层找平,尽快安装试验设备;螺旋板头入土时,应按每转一圈下入一个螺距进行操作,减少对土的扰动。

(3)载荷试验宜采用圆形刚性承压板,根据土的软硬或岩体裂隙密度选用合适的尺寸;土的浅层平板载荷试验承压板面积不应小于$0.25m^2$,对软土和粒径较大的填土不应小于$0.5m^2$;土的深层平板载荷试验承压板面积宜选用$0.5m^2$;岩石载荷试验承压板的面积不宜小于$0.07m^2$。

(4)载荷试验加荷方式应采用分级维持荷载沉降相对稳定法(常规慢速法);有地区经验时,可采用分级加荷沉降非稳定法(快速法)或等沉降速率法;如荷载等级宜取10~12级,并不应少于8级,荷载量测精度不应低于最大荷载的±1%。

(5)承压板的沉降可采用百分表或电测位移计量测,其精度不应低于±0.01mm。

(6)对慢速法,当实验对象为土体时,每级荷载施加后,间隔5min、5min、10min、10min、15min、15min测读一次沉降,以后每隔30min测读一次沉降,当连续两小时每小时沉降量小于或等于0.1mm时,可认为沉降已达相对稳定标准,施加下一级荷载;当实验对象是岩体时,每隔1min、2min、2min、5min测读一次沉降,以后每隔10min测读一次,当连续三次读数差小于或等于 0.01mm 时,可认为沉降已达相对稳定标准,施加下一级荷载。

（7）当出现下列情况之一时,可终止试验：

①承压板周边的土出现明显侧向挤出,周边岩土出现明显隆起或径向裂缝持续发展；

②本级荷载的沉降量大于前级荷载沉降量的 5 倍,荷载与沉降曲线出现明显陡降；

③在某级荷载下 24h 沉降速率不能达到相对稳定标准；

④总沉降量与承压板直径（或宽度）之比超过 0.06。

**二、载荷试验的成果分析**

根据载荷试验成果分析要求,应绘制荷载（$p$）与沉降（$s$）曲线,必要时绘制各级荷载下沉降（$s$）与时间（$t$）或时间对数（$\lg t$）曲线。

应根据 $p$-$s$ 曲线拐点,必要时结合 $s$-$\lg t$ 曲线特征,确定比例界限压力和极限压力。当 $p$-$s$ 呈缓变曲线时,可取对应于某一相对沉降值（即 $s/d$,$d$ 为承压板直径）的压力评定地基土承载力。

**三、载荷试验的成果应用**

（1）地基承载力特征值可由载荷试验确定,方法如下：

①拐点法：

拐点法适用于有拐点的 $p$-$s$ 曲线。在确定地基承载力特征值时,一般取 $p$-$s$ 曲线中第一个拐点 $p_y$,即比例界限点所对应的荷载值为地基承载力特征值。当拐点不明显或是无法确定时,可以利用 $p$-$\Delta s / \Delta p$ 确定拐点。

②相对沉降法：

当 $p$-$s$ 曲线上不能确定拐点时,可根据相对沉降法确定地基承载力特征值,在 $p$-$s$ 曲线上取 $s/b$ 的比值所对应的荷载值为地基承载力特征值。太沙基取 $s/b = 0.02$；斯坎普顿取 $s/b = 0.03$。

③极限载荷法：

$p$-$s$ 曲线上 $p_y/p_u$（即比例界限与极限荷载）趋近于 1 时,用 $p_u/F_s$（$F_s$ 为安全系数且 $F_s = 2 \sim 3$）作为地基承载力特征值。

（2）土的变形模量应根据 $p$-$s$ 曲线的初始直线段,按均质各向同性半无限弹性介质的弹性理论计算。

浅层平板载荷试验的变形模量 $E_0$（MPa）,可按下式计算：

$$E_0 = I_0 (1 - \mu^2) \frac{pd}{s} \tag{6-1}$$

深层平板载荷试验和螺旋板载荷试验的变形模量 $E_0$（MPa）,可按下式计算：

$$E_0 = \omega \frac{pd}{s} \tag{6-2}$$

式中：$I_0$——刚性承压板的形状系数,圆形承压板取 0.785,方形承压板取 0.886；

$\mu$——土的泊松比（碎石土取 0.27,砂土取 0.30,粉土取 0.35,粉质黏土取 0.38,黏土取

0.42）；

$d$——承压板直径或边长，m；

$p$——$p$-$s$ 曲线线性段的压力，kPa；

$s$——与 $p$ 对应的沉降量，mm；

$\omega$——与试验深度和土类有关的系数，其可按表 6-1 选用。

**深层载荷试验计算系数 $\omega$**　　　　　　　表 6-1

| d/z 土类 | 碎石土 | 砂土 | 粉土 | 粉质黏土 | 黏土 |
|---|---|---|---|---|---|
| 0.30 | 0.477 | 0.489 | 0.491 | 0.515 | 0.524 |
| 0.25 | 0.469 | 0.480 | 0.482 | 0.506 | 0.514 |
| 0.20 | 0.460 | 0.471 | 0.474 | 0.497 | 0.505 |
| 0.15 | 0.444 | 0.454 | 0.457 | 0.479 | 0.487 |
| 0.10 | 0.435 | 0.446 | 0.448 | 0.470 | 0.478 |
| 0.05 | 0.427 | 0.437 | 0.439 | 0.461 | 0.468 |
| 0.01 | 0.418 | 0.429 | 0.431 | 0.452 | 0.459 |

注：$d/z$ 为承压板直径和承压板底面深度之比。

# 第二节　静力触探试验

静力触探试验（简称 CPT）是应用准静力以恒定不变的贯入速率将一定规格和形状圆锥探头通过一系列探杆压入土中，同时测量并记录贯入过程中探头所受到的阻力，根据测得的贯入阻力大小来间接判定土的物理力学性质指标的现场试验方法。

静力触探试验按测量机理分为机械式静力触探和电测式静力触探；按探头功能分为单桥静力触探试验、双桥静力触探试验和孔压静力触探试验。

（1）单桥探头：是我国所特有的一种探头类型。它是将锥头与外套筒连在一起，因而只能测量一个参数。这种探头结构简单，造价低，坚固耐用。但应指出，这种探头功能少，其规格与国际标准也不统一，不便于开展国际交流，其应用受到限制。

（2）双桥探头：它是一种将锥头与摩擦筒分开，可同时测锥头阻力和侧壁摩擦力两个参数的探头。国内外普遍采用，用途很广。

（3）孔压探头：它一般是在双用探头基础上再安装一种可测触探时产生的超孔隙水压力装置的探头。孔压探头最少可测三种参数，即锥尖阻力、侧壁摩擦力及孔隙水压力，功能多，用途广，在国外已得到普遍应用。

静力触探试验优点是快速、精准、连续、效率高、兼有勘探和测试的双重作用，尤其对不易取样的饱和砂土、软黏土。静力触探试验适用于软土、黏性土、粉土、饱和砂土和含少量碎石的土。缺点是不能对土直接观察和鉴别，而且不适于含有较多碎石、砾石的土层和很密实的砂层。

### 一、静力触探试验的技术要求

在静力触探试验工作之前,应注意搜集场区既有的工程地质资料,根据地质复杂程度及区域稳定性,结合建筑物平面布置、工程性质等条件确定触探孔位、深度,选择适用的探头类型和触探设备。

(1)探头圆锥锥底截面积应采用 $10cm^2$ 或 $15cm^2$,单桥探头侧壁高度应分别采用 57mm 或 70mm,双桥探头侧壁面积采用 $150\sim300cm^2$ 时,锥尖锥角应为 $60°$。

(2)探头应匀速垂直压入土中,贯入速率为 1.2m/min。

(3)探头测力传感器应连同仪器、电缆进行定期标定,室内探头标定测力传感器的非线性误差、重复性误差、滞后误差、温度漂移、归零误差均在小于 1% FS,现场试验归零误差应小于 3%,绝缘电阻不小于 $500M\Omega$。

(4)深度记录的误差不应大于触探深度的 $\pm1\%$。

(5)当贯入深度超过 30m,或穿过厚层软土后再贯入硬土层时,应采取措施防止孔斜或断杆,也可配置测斜探头,量测触探孔的偏斜角,校正土层界限的深度。

触探仪的贯入:在进行贯入试验时,如果遇到密实、粗颗粒或含碎石颗粒较多的土层,在试验之前,应先打预钻孔。预钻孔应在粗颗粒土的顶层使用,有时也使用套筒来防止孔壁的坍塌;在软土或松散土中,预钻孔应穿过硬壳层。如果需要用孔压探头量测孔压,那么,该预钻孔的地下水位以上部分应用水充满。

探头的贯入速度对贯入阻力有影响,静力触探的标准贯入速度为 2mm/s,其误差极限为 $\pm25\%$,已得到国际土工界公认。国外一些专家认为,对于孔压静探试验,这个容许极限速率应该定得更小一些,在孔压静探试验中,触探仪将被以 $20\pm5mm/s$ 的恒定速度压入土体中。

(6)孔压探头在贯入前,应在室内保证探头应变腔被已排除气泡的液体所饱和,并在现场采取措施保持探头的饱和状态,直至探头进入地下水位以下的土层为止;在孔压静探试验过程中不得上提探头。

孔压探头的脱气处理:孔压系统的饱和,是保证正确量测孔压的关键。如果探头孔压量测系统未饱和,则在量测时会有部分孔隙水压力在传递过程中消耗在压缩空气上。空气压缩后又有一部分水补充进入系统内。这样,就使所测的孔隙压力在数值比真实值低一些,而且在时间上会产生较大的滞后,如果对此认识不足,或存在侥幸心理,将导致试验失败。

(7)当在预定深度进行孔压消散试验时,应量测停止贯入后不同时间的孔压值,其时时间隔由密而疏合理控制;试验过程不得松动探杆。

孔压消散试验:触探机工作时,在上、下行程交替过程中,或在加接探杆时,常有一短暂的停顿,在此期间的孔压必会部分或全部消散,其消散速度取决于土的固结系数,即取决于土的渗透性和压缩性。当重新向下贯入时,脱气良好的探头,其孔压值会迅速恢复到前一行程终止时的孔压值,即使在饱和松砂中贯入,其孔压恢复所需的贯入距离一般在 10cm 以内,如果这个贯入距离超过 50cm,则应认为孔压探头已不饱和,应返工重做。

### 二、静力触探试验成果分析

(1)绘制各种贯入曲线:单桥和双桥探头应绘制 $p_s$-$z$ 曲线、$q_c$-$z$ 曲线、$f_s$-$z$ 曲线、$R_f$-$z$ 曲线;

孔压探头尚应绘制 $u_i$-$z$ 曲线、$q_t$-$z$ 曲线、$f_t$-$z$ 曲线、$B_q$-$z$ 曲线和孔压消散曲线（$u_t$-$\lg t$ 曲线）。

其中，$R_f$ 为摩阻比，$R_f = \dfrac{f_s}{q_t} \times 100\%$；$u_i$ 为孔压探头贯入土中量测的孔隙水压力（即初始孔压）；$q_t$ 为真锥头阻力（经孔压修正）；$f_t$ 为真侧壁摩阻力（经孔压修正）；$B_q$ 为静探孔压系数，$B_q = \dfrac{u_i - u_0}{q_t - \sigma_{v0}}$；$u_0$ 为试验深度处静水压力，kPa；$\sigma_{v0}$ 为试验深度处总上覆压力，kPa；$u_t$ 为孔压消散过程时刻 $t$ 的孔隙水压力。

（2）根据贯入曲线的线形特征，结合相邻钻孔资料和地区经验，划分土层和判定土类；计算各土层静力触探有关试验数据的平均值，或对数据进行统计分析，提供静力触探数据的空间变化规律。

### 三、静力触探试验成果应用

根据静力触探资料，利用地区经验，可进行力学分层、估算土的塑性状态或密实度、强度、压缩性、地基承载力、单桩承载力、沉桩阻力，进行液化判别等。根据孔压消散曲线，可估算土的固结系数和渗透系数。

#### 1. 土层分类应用

（1）绘制 CPT 的贯入曲线（$q_c$-$H$，$f_s$-$H$，$u$-$H$，$F_R$-$H$），根据相近的 $q_c$、$f_s$、$u$ 和 $F_R$，将触探孔分层——力学分层，并计算各参数的平均值。结合钻探取样，考虑临界深度的影响进一步分层——工程地质分层，并定土名，详见表6-2。

孔压静探贯入曲线特征 表 6-2

| 土　层 | $q_c$-$H$ 曲线特征 | $F_R$-$H$ 曲线特征 | $u$-$H$ 曲线特征 |
|---|---|---|---|
| 淤泥、淤泥质黏性土 | 1. $q_c$ 值很低，淤泥的 $q_c$ 小于 0.5MPa，淤泥质黏性土的 $q_c$ 小于 1MPa；<br>2. $q_c$-$H$ 曲线是平滑的，近似垂线状，一般无突变现状，只有遇到贝壳才突变 | 对于淤泥 $F_R$ 值很小，对于淤泥质粉质黏性土 $F_R$ 值大于 2% | 1. 淤泥中的孔压 $\Delta u$ 很小；<br>2. 淤泥质粉质黏性土 $\Delta u$ 很大，且 $u$-$H$ 曲线明显偏离 $u_0$-$H$ 曲线 |
| 黏土、粉质黏土 | 1. $q_c$ 值较高，$q_c$-$H$ 曲线有缓慢的波形起伏；<br>2. $q_c$ 值偏离平均值在 ±10% ~20%；<br>3. 黏性土层中如有薄砂层或是结核出现，$q_c$ 会出现突变现象 | $F_R$ 值一般会大于 2% | 1. 孔压 $\Delta u$ 较高；<br>2. $u$-$H$ 曲线明显高于 $u_0$-$H$ 曲线 |
| 粉土 | 1. 曲线起伏较大，其波峰和波谷呈圆形，变化频率较小；<br>2. $q_c$ 值偏离平均值在 ±30% ~40% | $F_R$ 值一般在 1% ~2% 之间 | 1. 孔压 $\Delta u$ 较低；<br>2. $u$-$H$ 曲线稍高于 $u_0$-$H$ 曲线 |
| 砂土 | 1. $q_c$ 值明显比上述地层偏大，变化频率与幅度均较大；<br>2. $q_c$-$H$ 曲线呈锯齿状，其波峰和波谷呈尖形 | $F_R$ 值小于 1% | 1. 孔压 $\Delta u$ 一般为 0；<br>2. $u$-$H$ 曲线和 $u_0$-$H$ 曲线重合 |

| 土　　层 | $q_c$-$H$ 曲线特征 | $F_R$-$H$ 曲线特征 | $u$-$H$ 曲线特征 |
|---|---|---|---|
| 杂填土 | 曲线变化无规律,往往出现突变现象 | 无规律 | 无规律 |
| 基岩风化层 | 1. $q_c$-$H$ 曲线起伏较大;<br>2. $q_c$ 值大,明显高于一般土层的 $q_c$ 值;<br>3. $q_c$ 值一般随土层深度的增大而增大 | 软岩风化成土时,其曲线特征类似黏性土中的特征;坚硬岩石风化成碎石土或砂土时,其曲线特征类似砂土的特征 | 无规律 |

（2）孔压静探在划分土层方面精度极高。利用孔压静力触探贯入曲线划分土层（图6-1），孔压探头在区分砂层和黏土层方面精度极高,能区分 1～2cm 厚的砂土层。

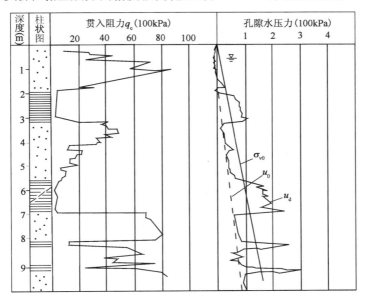

图 6-1　利用孔压静力探探曲线划分土层

**2. 土类划分**

（1）单桥触探法

根据 $P_s$ 值进行土类划分:$P_s$ 大的一般为砂层,$P_s$ 小的一般为黏土层。

（2）双桥触探法

在划分土类时,以 $q_c$ 为主,结合 $f_s$（或 $F_R$）,并在同一层内的触探参数值基本相近为原则；不同的土有不同的 $F_R$,砂类土 $F_R$ 通常小于或等于1,黏性土 $F_R$ 常大于2。

（3）孔压触探法

孔压触探法就是孔压静力触探仪对现场地基原状土进行勘察和探测的一项新技术。该方法可以快速确定地基土的分类、土层柱状图、地基承载力等,如图6-2是《铁路工程地质原位测试规程》（TB 10041—2003）中孔压触探法划分土类的参数图。

**3. 确定土的物理力学性质指标**

自20世纪70年代以来,国内不少单位对 $q_c$ 与 $P_s$ 的关系进行了研究,经验表明,$p_s/q_c$ 值大

致在 1.0 ~ 1.5 之间,每一个换算公式都有其特定的经验性。比贯入阻力:

$$P_s = q_c + 6.41 f_s$$

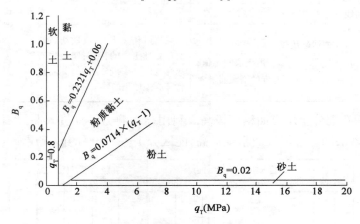

图 6-2　孔压触探参数划分土类

**4. 确定地基土的承载力**

(1)用静力触探确定地基土的承载力一般依据经验公式,建立在静力触探与载荷试验的对比关系上。

(2)地基承载力基本值的确定,需经过深、宽修正。

(3)地基土的成因、时代及含水率等对静力触探求地基承载力的经验公式有影响,经验公式有地区性。

**5. 确定单桩承载力**

(1)静力触探机理和桩的作用机理类似,静力触探相当于沉桩的模拟试验。

(2)与静力触探相比,桩的表面粗糙,直径大,沉桩对桩周土的扰动大,沉降速度慢。

(3)应与桩荷载测试配合使用,互相验证。

**6. 判断饱和砂土液化的可能性**

# 第三节　圆锥动力触探试验

圆锥动力触探试验(Dynamic Penetration Test,简称 DPT)是利用一定的锤击动能,将一定规格的实心圆锥探头打入岩土中,根据打入土中的阻力大小判别岩土层的变化,对岩土层进行力学分层,并确定试验岩土层的物理力学性质的一种现场测试方法。判别指标采用的是贯入一定深度的锤击数。根据探头贯入土中 10cm 或 30cm 时(其中 $N_{10}$ 为每 30cm 记一次数,$N_{63.5}$ 和 $N_{120}$ 为每 10cm 记一次数)所需要的锤击数,判断岩土的力学特性。

圆锥动力触探的优点是设备简单、操作方便、工效较高、适应性广,具有连续贯入的特性。

圆锥动力触探适用于强风化、全风化的坚硬岩石,各种软质岩石和各类土(适用于难以取样的各种填土、砂土、粉土、碎石土、砂砾土、卵石、砾石等含粗颗粒的土类)。其优点是:

试验设备相对简单、操作方便、适应土类广,而且可以连续贯入。对难以取样的砂土、粉土、碎石类土等,圆锥动力触探是十分有效的原位测试手段。其缺点是试验误差大,再现性较差。

圆锥动力触探试验的类型,按贯入能力的大小可分为轻型、重型和超重型三种,其规格和适用土类见表6-3。

**圆锥动力触探类型** 表6-3

| 类型 | | 轻型 | 重型 | 超重型 |
|---|---|---|---|---|
| 落锤 | 锤的质量(kg) | 10 | 63.5 | 120 |
| | 落距(cm) | 50 | 76 | 100 |
| 探头 | 直径(mm) | 40 | 74 | 74 |
| | 锥角(°) | 60 | 60 | 60 |
| 探杆直径(mm) | | 25 | 42 | 50~60 |
| 指标 | | 贯入30cm的读数 $N_{10}$ | 贯入10cm的读数 $N_{63.5}$ | 贯入10cm的读数 $N_{120}$ |
| 主要使用岩土 | | 浅部的填土、砂土、粉土、黏性土 | 砂土、中密以下的碎石土、极软岩 | 密实和很密的碎石土、软岩、极软岩 |

### 一、圆锥动力触探试验的技术要求

(1)采用自动落锤装置。

(2)触探杆最大偏斜度不应超过2%,锤击贯入应连续进行。同时,防止锤击偏心、探杆倾斜和侧向晃动,保持探杆垂直度;锤击速率每分钟宜为15~30击。

(3)每贯入1m,宜将探杆转动一圈半;当贯入深度超过10m,每贯入20cm宜转动探杆一次。

(4)对轻型动力触探,当 $N_{10} > 100$ 或贯入15cm、锤击数超过50击时,可停止试验;对重型动力触探,当连续三次 $N_{63.5} > 50$ 击时,可停止试验或改用超重型动力触探。轻型动力触探的基本要求如下:

(1)实验进行之前,必须对机具进行检查,确认各部件正常后才能开始工作,机具设备的安装必须稳固,实验时支架不得偏移,所有部件连接处螺纹必须紧固。

(2)试验时,应采取机械或人工的措施,使探杆保持垂直,探杆的偏斜度不应超过2%,重锤沿导杆自由下落,锤击频率15~30击/min。重锤下落时,应注意周围试验人员的人身安全,遵守操作纪律。

(3)在试验过程中,每贯入1m,宜将探杆转动一圈半;当贯入深度超过10m,每贯入20cm宜转动探杆一次,以减少探杆与土层的摩阻力。

(4)在预钻孔内进行作业时,当钻孔直径大于90mm时,孔深大于15m,实测击数大于8击/10cm时,可下直径不大于90mm的套管,以减小探杆径向晃动。

(5)为保持探杆的垂直度,锤座距孔口的高度不宜超过1.5m。

(6)遇到密实度或坚硬的土层,当连续三次 $N_{63.5}$ 大于50击时,可停止试验,或改用超重型动力触探进行试验。

**二、圆锥动力触探试验资料的分析**

(1)单孔连续圆锥动力触探试验应绘制锤击数与贯入深度关系曲线;

(2)计算单孔分层贯入指标平均值时,应剔除临界深度以内的数值、超前和滞后影响范围内的异常值;

(3)根据各孔分层的贯入指标平均值,用厚度加权平均法计算场地分层贯入指标平均值和变异系数。

圆锥动力触探试验资料的整理包括:绘制试验击数随深度的变化曲线,结合钻探资料进行土层划分,计算单孔和场地各土层的平均贯入击数。

(1)绘制动力触探 $N'_{63.5}$-$h$ 曲线图

以杆长修正击数($N'_{63.5}$)为横坐标,以贯入深度为纵坐标绘制曲线图。对轻型动力触探,按每贯入 30cm 的击数绘制 $N'_{63.5}$-$h$ 曲线。图式可分为如下两种:

①绘制 $N'_{63.5}$ 值随深度的分布曲线,如图6-3所示。

②按每贯入 10cm 的实测击数,经杆长校正后,绘制其随深度的分布曲线,如图6-4所示。

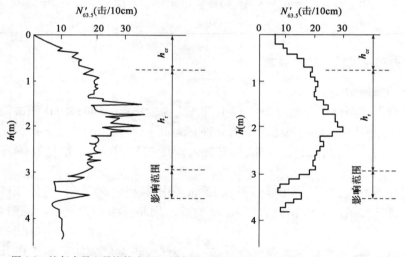

图6-3　按每击贯入量换算成 $N'_{63.5}$ 的曲线　　　图6-4　按每贯入 10cm 时的 $N'_{63.5}$ 的曲线
　$h$-贯入深度;$h_{cr}$-临界深度;$h_r$-有效厚度　　　　$h$-贯入深度;$h_{cr}$-临界深度;$hr$-有效厚度

(2)划分土层界线

为了在工程勘察中有效应用动探试验资料,在评价地基土的工程性质时,应结合勘察场地的地质资料对地基土进行力学分层。

(3)计算各层的击数平均值

(4)成果分析

**三、圆锥动力触探试验成果的应用**

根据圆锥动力触探试验指标和地区经验,可进行力学分层,评定土的均匀性和物理性质(状态、密实度)、土的强度、变形参数、地基承载力、单桩承载力,查明土洞、滑动面、软硬土层界面,检测地基处理效果等。应用试验成果时是否修正或如何修正,应根据建立统计关系时的具体情况确定。

利用圆锥动力触探试验成果,不仅可以用于定性评价场地地基土的均匀性、确定软弱土层和坚硬土层的分布,还可以定量地评价地基土的状态或密实度,估算地基土的力学性质。

由于圆锥动力触探试验具有简易及适应性广等突出优点,特别是用静力触探不能勘测的碎石类土,圆锥动力触探大有用武之地。圆锥动力触探在勘察实践中应用广泛,主要应用于以下几方面:

(1)划分土类或土层剖面;

(2)确定地基土的容许承载力基本值;

(3)求单桩容许承载力;

(4)确定黏性土稠度及 $c$、$\varphi$;

(5)确定砂土密实度及液化势。

### 四、影响因素和试验指标的修正

影响动力触探的因素很复杂,对有些因素的认识也不完全一致。有些因素通过标准化统一后可得到控制,如机具设备、落锤方式等;但有些因素,如杆长、侧壁摩擦力、地下水、上覆压力等,则在试验时是难以控制的。

1. 杆长影响

当需要对实测锤击数进行修正时,对于重型和超重型动力触探,分别采用下式进行修正。

对重型动力触探:

$$N_{63.5} = \alpha_1 N'_{63.5} \tag{6-3}$$

式中:$N_{63.5}$——经修正后的重型圆锥动力触探锤击数;

$\quad\quad N'_{63.5}$——实测重型圆锥动力触探锤击数;

$\quad\quad \alpha_1$——重型圆锥动力触探杆长修正系数,取值见表6-4。

重型圆锥动力触探杆长修正系数 $\alpha_1$     表6-4

| 修正系数 \ 击数<br>杆长(m) | 5 | 10 | 15 | 20 | 25 | 30 | 35 | 40 | ≥50 |
|---|---|---|---|---|---|---|---|---|---|
| ≤2 | 1.0 | 1.0 | 1.0 | 1.0 | 1.0 | 1.0 | 1.0 | 1.0 | 1.0 |
| 4 | 0.98 | 0.95 | 0.93 | 0.92 | 0.90 | 0.89 | 0.87 | 0.85 | 0.84 |
| 6 | 0.93 | 0.90 | 0.88 | 0.85 | 0.86 | 0.81 | 0.79 | 0.78 | 0.75 |
| 8 | 0.90 | 0.86 | 0.88 | 0.80 | 0.77 | 0.75 | 0.73 | 0.71 | 0.67 |
| 10 | 0.88 | 0.83 | 0.79 | 0.75 | 0.72 | 0.69 | 0.67 | 0.64 | 0.61 |
| 12 | 0.85 | 0.79 | 0.75 | 0.70 | 0.67 | 0.64 | 0.61 | 0.61 | 1.55 |
| 14 | 0.82 | 0.76 | 0.71 | 0.66 | 0.62 | 0.58 | 0.56 | 0.53 | 0.50 |
| 16 | 0.79 | 0.72 | 0.67 | 0.62 | 0.57 | 0.54 | 0.51 | 0.48 | 0.45 |
| 18 | 0.77 | 0.70 | 0.63 | 0.57 | 0.53 | 0.49 | 0.46 | 0.43 | 0.40 |
| 20 | 0.75 | 0.67 | 0.59 | 0.53 | 0.48 | 0.44 | 0.41 | 0.39 | 0.36 |

对超重型动力触探：

$$N_{120} = \alpha_2 N'_{120} \tag{6-4}$$

式中：$N_{120}$——经修正后的超重型圆锥动力触探锤击数；

$\quad N'_{120}$——实测超重型圆锥动力触探锤击数；

$\quad \alpha_2$——超重型圆锥动力触探杆长修正系数，取值见表6-5。

超重型圆锥动力触探杆长修正系数 $\alpha_2$     表6-5

| 修正系数<br>杆长(m) \ 击数 | 1 | 2 | 3 | 7 | 9 | 10 | 15 | 20 | 25 | 30 | 35 | 40 |
|---|---|---|---|---|---|---|---|---|---|---|---|---|
| 1 | 1 | 1 | 1 | 1 | 1 | 1 | 1 | 1 | 1 | 1 | 1 | 1 |
| 2 | 0.96 | 0.96 | 0.91 | 0.91 | 0.90 | 0.90 | 0.90 | 0.89 | 0.88 | 0.88 | 0.88 | 0.88 |
| 3 | 0.94 | 0.88 | 0.85 | 0.85 | 0.85 | 0.84 | 0.84 | 0.83 | 0.82 | 0.82 | 0.81 | 0.81 |
| 5 | 0.92 | 0.82 | 0.79 | 0.78 | 0.77 | 0.77 | 0.76 | 0.75 | 0.74 | 0.73 | 0.73 | 0.72 |
| 7 | 0.90 | 0.78 | 0.75 | 0.74 | 0.73 | 0.72 | 0.71 | 0.70 | 0.69 | 0.68 | 0.67 | 0.66 |
| 9 | 0.88 | 0.75 | 0.72 | 0.70 | 0.69 | 0.68 | 0.67 | 0.66 | 0.64 | 0.63 | 0.62 | 0.62 |
| 11 | 0.87 | 0.73 | 0.69 | 0.67 | 0.66 | 0.66 | 0.64 | 0.62 | 0.61 | 0.60 | 0.59 | 0.58 |
| 13 | 0.86 | 0.71 | 0.67 | 0.65 | 0.63 | 0.61 | 0.60 | 0.58 | 0.56 | 0.55 | 0.54 | 0.53 |
| 15 | 0.86 | 0.69 | 0.65 | 0.63 | 0.62 | 0.61 | 0.59 | 0.58 | 0.56 | 0.55 | 0.54 | 0.53 |
| 17 | 0.85 | 0.68 | 0.63 | 0.61 | 0.60 | 0.59 | 0.57 | 0.56 | 0.56 | 0.53 | 0.52 | 0.50 |
| 19 | 0.84 | 0.66 | 0.62 | 0.60 | 0.59 | 0.58 | 0.56 | 0.54 | 0.52 | 0.51 | 0.50 | 0.49 |

**2. 杆侧壁摩擦的影响**

探杆的侧壁摩擦的影响也很复杂。一般情况下，重型动力触探深度小于15m、超重型动力触探深度小于20m时，可以不考虑杆侧壁摩擦的影响；如缺乏经验，应采取措施消除侧壁摩擦的影响（如用泥浆），或用泥浆与不用泥浆进行对比试验来认识杆侧壁摩擦的影响。

**3. 地下水的影响**

对地下水位以下的中、粗砾石和圆砾、卵石层，动力触探锤击数按下式校正：

$$N'_{63.5} = 1.1N_{63.5} + 1.0 \tag{6-5}$$

式中：$N'_{63.5}$——经地下水影响修正后的击数；

$\quad N_{63.5}$——地下水位以下实测的击数。

**4. 上覆压力的影响**

对于一定粒度组成的细砂土，动力触探击数 $N$ 与相对密度 $D_r$ 和有效上覆压力 $\sigma'_v$ 存在着一定的相关关系：

$$\frac{N}{D_r^2} = a + b\sigma'_v \tag{6-6}$$

式中：$a$、$b$——经验系数，随砂土的粒度组成变化；

$\quad \sigma'_v$——有效上覆压力。

# 第四节　标准贯入试验

标准贯入试验(Standard Penetration Test,SPT)是利用一定的锤击动能(质量为 63.5 kg 的穿心锤,76cm 落距),将一定规格的对开管式的贯入器打入钻孔孔底的土层中,根据打入土层中所需的能量来评价土层和土的物理力学性质。标准贯入试验中所需的能量用贯入器贯入土层中 30cm 的锤击数 $N$ 表示,$N$ 称为标贯击数。标准贯入试验是在现场岩土体原来位置测定黏性土或砂的地基承载力特征值的方法。

标准贯入试验一般情况下适用于砂土、粉土和一般黏性土。

**一、标准贯入试验技术要求**

(1)标准贯入试验孔采用回转钻进,并保持孔内水位略高于地下水位。当孔壁不稳定时,可采用泥浆护壁,钻至试验标高以上 15cm 处,清除孔底残土后进行试验。

(2)采用自动脱钩的自由落锤法进行锤击,并减小导向杆与锤间的摩擦阻力。为了避免锤击时的侧向晃动和偏心,同时保持探杆、贯入器、导向杆连接后的垂直度,保证锤击速率小于30 击/min。

(3)贯入器打入土中 15cm 后,开始记录每次打入 10cm 的锤击数,累计打入 30cm 的锤击数为标准贯入试验锤击数 $N$。当锤击数达到 50 击,而贯入深度未达到 30cm 时,可记录 50 击的实际贯入深度,按下式换算成相当于 30cm 的标准贯入试验锤击数 $N$,并终止试验。

$$N = 30 \times \frac{50}{\Delta S} \tag{6-7}$$

式中:$\Delta S$——50 击时的贯入度 cm。

**二、标准贯入试验的成果分析**

标准贯入试验成果 $N$ 可以直接标记在工程地质剖面图上,也可以绘制单孔标准贯入击数 $N$ 与深度关系曲线或是直方图,统计分层标贯击数平均值时,应剔除异常数值。

通过对标准贯入试验成果的统计分析,利用已建立的关系式和当地工程经验,可对砂土、粉土、黏性土的物理状态,土的强度、变形性质指标做出定性或定量的评价。在应用标准贯入锤击数 $N$ 的经验关系评定地基土的参数时,要注意作为统计依据的 $N$ 值是否做过有关修正。

**1. 评定砂土的密实程度**

砂的密实度如表 6-6 所示。

砂 的 密 实 度　　　　　　　　　表 6-6

| 标 贯 击 数 | 密 实 度 | 标 贯 击 数 | 密 实 度 |
|---|---|---|---|
| $N \leq 10$ | 松散 | $15 < N \leq 30$ | 中密 |
| $10 < N \leq 15$ | 稍密 | $N > 30$ | 密实 |

**2. 评定黏性土的稠度状态**

（1）标准贯入试验锤击数 $N$ 与稠度状态关系，见表6-7。

黏性土 $N$ 与稠度状态关系 表6-7

| $N$ | <2 | 2~4 | 4~8 | 8~15 | 15~30 | >30 |
|---|---|---|---|---|---|---|
| 稠度状态 | 极软 | 软 | 中等 | 硬 | 很硬 | 坚硬 |
| $q_u$(kPa) | <25 | 25~50 | 50~100 | 100~200 | 200~400 | >400 |

（2）研究人员根据标准贯入试验锤击数与黏性土液性指数相关资料，经统计得出 $N$ 与液性指数 $I_L$ 二者的关系，见表6-8。

$N$ 与液性指数 $I_L$ 的经验关系 表6-8

| $N$ | <2 | 2~4 | 4~7 | 7~18 | 18~35 | >35 |
|---|---|---|---|---|---|---|
| $I_L$ | 1 | 1~0.75 | 0.75~0.5 | 0.5~0.25 | 0.25~0 | <0 |
| 稠度状态 | 流动 | 软塑 | 软可塑 | 硬可塑 | 硬塑 | 坚硬 |

**3. 评定土的强度指标**

采用标准试验成果，可以评定砂土的内摩擦角 $\varphi$ 和黏性土的不排水剪强度 $c_u$。

**4. 评定土的变形参数（$E_0$ 或 $E_s$）**

希腊的 Schultze 和 Menzenbach 提出的基于标准贯入试验锤击数估计压缩模量的经验关系为：

当 $N > 15$ 时

$$E_0 = 4.0 + \beta(N - 6) \tag{6-8}$$

当 $N < 15$ 时

$$E_s = \beta(N + 6) \tag{6-9}$$

式中：$E_s$——压缩模量，MPa；

$\beta$——经验系数，见表6-9。

不同土类的经验系数 $\beta$ 值 表6-9

| 土类 | 含砂粉土 | 细砂 | 中砂 | 粗砂 | 含硬砂土 | 含砾砂土 |
|---|---|---|---|---|---|---|
| $\beta$ | 0.3 | 0.35 | 0.45 | 0.7 | 1.0 | 1.2 |

或者采用下式：

$$E_s = \alpha + \beta N \tag{6-10}$$

式中：$\alpha$、$\beta$——经验系数，见表6-10。

不同土类的经验系数 $\alpha$、$\beta$ 值 表6-10

| 土类 | 细砂 | | 砂土 | 黏质砂土 | 砂质黏土 | 粉砂 |
|---|---|---|---|---|---|---|
| | 地下水位以上 | 地下水位以下 | | | | |
| $\alpha$ | 5.2 | 7.1 | 3.9 | 4.3 | 3.8 | 2.4 |
| $\beta$ | 0.33 | 0.49 | 0.45 | 1.18 | 1.05 | 0.53 |

### 三、标准贯入试验的成果应用

标准贯入试验锤击数 $N$ 值,可对砂土、粉土、黏性土的物理状态、土的强度、变形参数、地基承载力、单桩承载力、砂土和粉土的液化、成桩的可能性等作出评价。应用 $N$ 值时是否修正和如何修正,应根据建立统计关系时的具体情况确定。

标准贯入试验在国内外工程设计中心已得到了十分广泛的应用,但由于标准贯入试验离散性较大,因此在应用时,不应根据单孔的 $N$ 值对土的工程性能进行评价。同样地,在应用标准贯入锤击数 $N$ 的经验关系评定有关工程性能时,要注意作为计算依据的 $N$ 值是否做过有关修正。

### 四、影响标贯击数 $N$ 值的因素和试验指标的修正

**1. 影响标贯击数 $N$ 值的因素**

(1) $N$ 值的测定

对设计部门来讲,最重要的是 $N$ 值对所测定基础所具有的代表性与精度的高低。但是 $N$ 值在测定上、解释上还有很多问题,主要可考虑以下几个方面:

① 试验器具的规格形状;

② 落锤方式;

③ 测试人员的技术程度与个体差异;

④ 土质本身对 $N$ 值的影响;

⑤ 由平面位置的差异带来的条件变化;

⑥ 钻杆长度的影响;

⑦ 上覆压力大小的影响;

⑧ 地下水的影响。

(2) 钻进技术对 $N$ 值的影响

① 孔深与测定位置深度的计算误差;

② 钻孔的倾斜造成的误差;

③ 地下水位的变化;

④ 孔壁状态与起钻速度;

⑤ 孔底残留岩心或岩粉;

⑥ 冲击能量的传递。

**2. 标准贯入试验指标的修正**

(1) 杆长修正

关于试验成果进行杆长修正问题,国内外的意见不一致。

① 我国原《建筑地基基础设计规范》(GBJ 7—1989)规定标准贯入试验的最大深度不宜超过 21m,当试验深度大于 3m 时,实测锤击数 $N'_{63.5}$ 需按下式进行杆长修正:

$$N_{63.5} = \alpha N'_{63.5} \tag{6-11}$$

式中：$N_{63.5}$——修正后标贯击数；

$N'_{63.5}$——实测标贯击数；

$\alpha$——杆长修正系数，按表 6-11 取值。

触探杆长度修正系数 $\alpha$

表 6-11

| 触探杆长度（m） | ≤3 | 6 | 9 | 12 | 15 | 18 | 21 |
|---|---|---|---|---|---|---|---|
| $\alpha$ | 1.00 | 0.92 | 0.86 | 0.81 | 0.77 | 0.73 | 0.70 |

②日本东海大学宇都—马实测了水平搁置的 120m 钻杆系统在受锤击时杆顶端与底端的打击动应力的衰减情况和位移，建议的修正关系如下：

当杆长 $L < 20$m 时，$N = N'_{63.5}$；

当 $L \geq 20$m 时，则

$$N = (1.06 - 0.003L)N' \tag{6-12}$$

式中：$N$——修正后标贯击数；

$N'$——实测标贯击数；

$L$——杆长。

③国标《建筑抗震设计规范》在引用标准贯入试验方法以贯入击数 $N$ 判别砂土液化，明确规定原始击数 $N$ 不做杆长修正，但要考虑 $N$ 值测点深度的土层自重压力产生侧压力对 $N$ 值的影响，即深度对 $N$ 值的修正。

（2）上覆压力修正

有些研究者认为，应考虑试验深度出土的围压对试验成果的影响。认为随着土层中上覆压力的增大，标准贯入试验锤击数也相应增大，应采用下式进行修正：

$$N_1 = c_N N \tag{6-13}$$

式中：$N$——实测标准贯入试验击数；

$N_1$——修正为上覆压力 $\sigma'_{v0} = 100$kPa 的标准贯入试验击数；

$c_N$——上覆压力修正系数（表 6-12）。

上覆压力修正系数 $c_N$

表 6-12

| 提出者（年代） | $c_N$ |
|---|---|
| Gibb 和 Holtz（1957） | $c_N = \dfrac{39}{0.23\sigma'_{v0}}$ |
| Peck 等（1974） | $c_N = 0.77 \lg\left(\dfrac{2000}{\sigma'_{v0}}\right)$ |
| Seed 等（1983） | $c_N = 1 - 1.25 \lg\left(\dfrac{\sigma'_{v0}}{100}\right)$ |
| Skempton（1986） | $c_N = \dfrac{55}{0.28\sigma'_{v0} + 27}$ 或 $c_N = \dfrac{75}{0.27\sigma'_{v0} + 48}$ |

注：表内 $\sigma'_{v0}$ 是有效上覆压力，以 kPa 计。

（3）地下水的修正

Terzaghi 和 Peck（1953 年）提出对于 $d_{10} = 0.1 \sim 0.05$mm 的饱和粉细砂，当实测标贯击数

$N' > 15$ 时,应按下式修正:

$$N = 45 + \frac{1}{2}(N' - 15) \tag{6-14}$$

# 第五节　其他原位测试方法简介

## 一、十字板剪切试验

十字板剪切试验是将具有一定高径比的十字板压入被测土层中,通过钻杆对十字板头施加一定的扭转力矩使其匀速旋转,将土体剪坏,测定土体对抵抗扭剪的最大力矩,通过换算得到土体的抗剪强度值。

十字板剪切试验可用于测定饱和软黏性土($\varphi \approx 0$)的不排水抗剪强度和灵敏度。

十字板剪切试验点的布置,对均质土竖向间距可为 1m,对非均质或夹薄层粉细砂的软黏性土,宜先作静力触探,结合土层变化,选择软黏土进行试验。

## 二、旁压试验

旁压试验(PMT)是将圆柱形旁压器竖直地放入土中,通过旁压器在竖直的孔内加压,使旁压膜膨胀,并由旁压膜(或护套)将压力传给周围土体(或岩层),使土体或岩层产生变形直至破坏,通过量测施加的压力和土变形之间的关系,可得到地基土在水平方向上的应力—应变关系。

旁压试验可用于黏性土、粉土、砂土、碎石土、残积土、极软岩和软岩等。

旁压试验应在有代表性的位置和深度进行,旁压器的量测腔应在同一土层内。试验点的垂直间距应根据地层条件和工程要求确定,但不宜小于 1m,试验孔与已有钻孔的水平距离不宜小于 1m。

## 三、扁铲侧胀试验

扁铲侧胀试验是用静力把一扁铲形状探头贯入土中,达试验深度后,利用气压使扁铲的圆形刚膜向外扩张进行试验,它可作为一种特殊的旁压试验。它的优点是简单、快速、重复性好和便宜。

扁铲侧胀试验适用于软土、一般黏性土、粉土、黄土和松散~中密的砂土。

## 四、现场直接剪切试验

现场直剪试验可用于岩土体本身、岩土体沿软弱结构面和岩体与其他材料接触面的剪切试验,可分为岩土体试体在法向应力作用下沿剪切面剪切破坏的抗剪断试验,岩土体剪断后沿剪切面继续剪切的抗剪试验(摩擦试验),法向应力为零时岩体剪切的抗切试验。

现场直剪试验原理与室内直剪试验基本相同,但由于试件尺寸大且在现场进行,能把土体的非均质性及软弱面等对抗剪强度的影响更真实地反映出来。

现场直剪试验可在试洞、试坑、探槽或大口径钻孔内进行。剪切面水平或近于水平时,可

采用平推法或斜推法;当剪切面较陡时,可采用楔形体法。

同一组试验体的岩性应基本相同,受力状态应与岩土体在工程中的实际受力较态相近。

现场直剪试验每组岩体不宜少于 5 个,剪切面积不得小于 $0.25m^2$。试体最小边长不宜小于 50cm ,高度不宜小于最小边长的 0.5 倍。试体之间的距离应大于最小边长的 1.5 倍。

每组土体试验不宜少于 3 个。剪切面积不宜小于 $0.3m^2$,高度不宜小于 20cm 或为最大粒径的 4~8 倍,剪切面开缝应为最小粒径的 1/4~1/3。

### 五、波速测试

波速测试就是测定土层的波速,依据弹性波在岩土体内的传播速度间接测定岩土体在小应变条件下($10^{-6}~10^{-4}$)动弹性模量和泊松比。

波速测试适用于测定各类岩土体的压缩波、剪切波或瑞利波的波速,可根据任务要求,采用单孔法、跨孔法或面波法。

### 六、岩体原位应力测试

岩体原位应力测试适用于无水、完整或较完整的岩体,可采用孔壁应变法、孔径变形法和孔底应变变法测求岩体空间应力和平面应力。

测试岩体原始应力时,测点深度应超过应力扰动影响区;在地下洞室中进行测试时,测点深度应超过洞室直径的 2 倍。

### 七、激振法测试

激振法测试应采用强迫振动方法,有条件时宜同时采用强迫振动和自由振动两种测试方法。进行激振法测试时,应搜集机器性能、基础形式、基底标高、地基土性质和均匀性、地下构筑物和干扰振源等资料。

### 思考题

1. 什么是原位测试及原位测试的优缺点?
2. 载荷试验成果的应用有哪些?
3. 静力触探试验的主要内容有哪些?
4. 圆锥动力触探试验与标准贯入试验有何区别和联系?

# 第七章 室内试验

岩土性质的室内试验项目和试验方法应符合现行国家标准《土工试验方法标准》（GB/T 50123—1999）和国家标准《工程岩体试验方法标准》（GB/T 50266—2013）的规定。岩土工程评价时所选用的参数值，宜与相应的原位测试成果或原型观测反分析成果比较，经修正后确定。

试验项目和试验方法，应根据工程要求和岩土性质的特点确定。当需要时应考虑岩土的原位应力场和应力历史，工程活动引起的新应力场和新边界条件，使试验条件尽可能接近实际；并应注意岩土的非均质性、非等向性和不连续性以及由此产生的岩土体与岩土试验在工程性状上的差别。

对特种试验项目，应制订专门的试验方案。制备试样时，应对岩土的重要性状做肉眼鉴定和简要描述。

## 第一节 土的物理性质试验

（1）各类工程均应测定下列土的分类指标和物理性质指标：

①砂土。颗粒级配、相对密度、天然含水率、天然密度、最大和最小密度。

②粉土。颗粒级配、液限、塑限、相对密度、天然含水率、天然密度和有机质含量。

③黏性土。液限、塑限、相对密度、天然含水率、天然密度和有机质含量。

注：1. 对砂土，如无法取得Ⅰ级、Ⅱ级、Ⅲ级土样时，可只进行颗粒级配试验；

2. 目测鉴定不含有机质时，可不进行有机质含量试验。

（2）测定液限时，应根据分类评价要求，选用现行国家标准《土工试验方法标准》（GB/T 50123—1999）规定的方法，并应在试验报告上注明。有经验的地区，相对密度可根据经验确定。

（3）当需进行渗流分析、基坑降水设计等要求提供土的透水性参数时，可进行渗透试验。常水头试验适用于砂土和碎石土；变水头试验适用于粉土和黏性土；透水性很低的软土可通过固结试验测定固结系数、体积压缩系数，计算渗透系数。土的渗透系数取值应与野外抽水试验或注水试验的成果比较后确定。

（4）当需对土方回填或填筑工程进行质量控制时，应进行击实试验，测定土的干密度与含水率的关系，确定最大干密度和最优含水率。

### 一、土的三相比例指标

土的三相物质在体积和质量上的比例关系称为土的三相比例指标。三相比例指标反映了土的干燥与潮湿、疏松与紧密，是评价土的工程性质的最基本的物理性质指标，也是工程地质勘察报告中不可缺少的基本内容。

### 1. 土的三相比例关系图

为了阐述和标记方便,把自然界中土的三相混合分布的情况分别集中起来,固相集中于下部,液相居中部,气相集中于上部,并按适当的比例画一个草图,左边标出各相的质量,右边标明各相的体积,即得土的三相比例关系图,如图7-1所示。

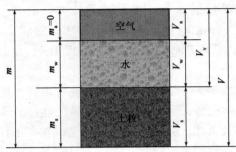

图7-1 土的三相比例关系图

$m_s$-土粒质量;$m_w$-土中水的质量;$m$-土的总质量;$V_v$-土中孔隙体积;$V$-土的总体积;$V_s$、$V_w$、$V_a$-土粒、土中水、土中气体体积;总质量:$m = m_s + m_w$;总体积:$V = V_s + V_v = V_s + V_a + V_w$。

土的三相比例指标可分为试验指标和换算指标。

### 2. 土的三相基本物理指标(试验指标)

(1)密度 $\rho$ 和重度 $\gamma$。

①$\rho$:单位体积土的质量,即

$$\rho = \frac{m}{V} \tag{7-1}$$

②$\gamma$:单位体积土的重力,即

$$\gamma = \rho g = 9.8\rho \approx 10\rho \tag{7-2}$$

(2)天然含水率 $w$:表示土中含水的多少,为土体中水的质量与固体矿物质量的比值,用百分数表示,即

$$w = \frac{m_w}{m_s} \times 100\% \tag{7-3}$$

(3)土粒相对密度 $G_s$:

土中固体矿物的质量与同体积4℃时纯水的质量的比值,即

$$G_s = \frac{m_s}{V_s \rho_w} \tag{7-4}$$

式中:$m_s$——干土的质量;

$\rho_w$——4℃纯水的密度。

### 3. 换算物理性质指标

(1)孔隙比 $e$:土中孔隙体积与固体颗粒的体积之比,即

$$e = \frac{V_v}{V_s} \tag{7-5}$$

(2)孔隙率 $n$:土中孔隙体积占总体积的百分比,即

$$n = \frac{V_v}{V} \times 100\% \tag{7-6}$$

(3)饱和度 $S_r$:表示水在孔隙中充满的程度,即

$$S_r = \frac{V_w}{V_v} \tag{7-7}$$

(4)土的干密度 $\rho_d$ 和干重度 $\gamma_d$。

①土的干密度为单位土体体积干土的质量,即

$$\rho_d = \frac{m_s}{V} \qquad (7\text{-}8)$$

②土的干重度为单位土体体积干土所受的重力。

（5）土的饱和密度 $\rho_{sat}$ 和饱和重度 $\gamma_{sat}$。

①土的饱和密度为孔隙中全部充满水时，单位土体体积的质量。

$$\rho_{sat} = \frac{m_s + V_v\rho_w}{V} \qquad (7\text{-}9)$$

②土的饱和重度为孔隙中全部充满水时，单位土体体积所受的重力。

（6）土的有效重度（浮重度）$\gamma$。

土的有效重度为地下水位以下，土体单位体积所受重力再扣除浮力。

$$\gamma = \gamma_{sat} - \gamma_w \qquad (7\text{-}10)$$

## 二、土的物理状态指标

土的物理状态指标与物理性质指标不同，自然界中的土按有无黏性主要分为无黏性土和黏性土。无黏性土物理状态主要是评价土的密实度；黏性土物理状态主要是评价土的软硬程度或称之为黏性土的稠度。

### 1. 无黏性土的密实度

无黏性土工程性质的好坏看密实度，以砂土为代表。判定无黏性土的密实度的方法主要有以下 3 种。

（1）用孔隙比 $e$ 判定，具体见表 7-1。

孔隙比作为砂土密实度的划分标准　　　　　　　　　　　　　表 7-1

| 土的名称 ＼ 密实度 | 密实 | 中密 | 稍密 | 松散 |
|---|---|---|---|---|
| 砾砂、粗砂、中砂 | $e < 0.60$ | $0.60 \leqslant e \leqslant 0.75$ | $0.75 < e \leqslant 0.85$ | $e > 0.85$ |
| 细砂、粉砂 | $e < 0.70$ | $0.70 \leqslant e \leqslant 0.85$ | $0.85 < e \leqslant 0.95$ | $e > 0.95$ |

①优点：应用方便、简单。

②缺点：不能考虑颗粒大小、级配和形状的影响。

所以，同一种土，可用 $e$ 衡量其密实度，但是不同种的土，不能用 $e$ 衡量，应将最大孔隙比与最小孔隙相比较，建立相对密度的概念。

（2）以相对密实度 $D_r$ 为标准。

①公式：

$$D_r = \frac{e_{max} - e}{e_{max} - e_{min}} \qquad (7\text{-}11)$$

式中：　$e$——土在天然状态下的孔隙比；

$e_{min}(e_{max})$——土在最密实（最松散）状态下的孔隙比，均由试验测出。

②判别标准：$0.67 < D_r \leqslant 1$，密实；$0.33 < D_r \leqslant 0.67$，中密；$0 < D_r \leqslant 0.33$，松散。

③优点：可以把土的级配考虑进去，理论上较为完善。

④缺点:$e_{max}$和$e_{min}$难以准确测定。

（3）标准贯入试验（Standard Penetration Test,SPT）

①标准贯入试验是一种原位测试,起源于美国,用卷扬机将质量为 63.5kg 的钢锤,提升76cm 高度,让钢锤自由下落击在锤垫上,使贯入器贯入土中30cm 所需的锤击数,记为 $N$。该试验快速、准确,应用很广泛。

②判别标准,见图 7-2。

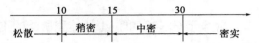

图 7-2　以标准贯入试验锤击数 $N$ 划分砂土密实度标准

$N$ 的大小反映了土的贯入阻力的大小,即反映了土密实度的大小。一般:$N$ 越大,说明土体越密实;$N$ 越小,说明土体越松散。

**2. 黏性土的物理状态指标**

（1）黏性土的状态:随着含水率的改变,黏性土将经历不同的物理状态。

当含水率很大时,土是一种黏滞流动的液体即泥浆,称为流动状态;随着含水率逐渐减小,黏滞流动的特点渐渐消失而显示出塑性,称为可塑状态;当含水率继续减小时,则发现土的可塑性逐渐消失,从可塑状态变为半固体状态。如果同时测定含水率减小过程中的体积变化,则可发现土的体积随着含水率的减小而减小,但当含水率很小时,土的体积却不再随含水率的减小而减小了,这种状态称为固体状态。

（2）界限含水率（国外称为阿登堡界限）

①定义:黏性土从一种状态变到另一种状态的含水率分界点称为界限含水率。

②液限 $w_L$:流动状态与可塑状态间的分界含水率称为液限。

③塑限 $w_p$:可塑状态与半固体状态间的分界含水率称为塑限。

④缩限 $w_s$:半固体状态与固体状态间的分界含水率称为缩限。

黏性土状态与含水率的关系如图 7-3 所示。

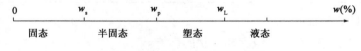

图 7-3　黏性土状态与含水率的关系

（3）塑性指数与液性指数。

①塑性指数 $I_p$:黏性土液限与塑限的差值称为塑性指数。公式为:

$$I_P = w_L - w_P \tag{7-12}$$

塑性指数习惯上用不带百分号的数值表示。塑性指数表示土中黏粒含量多少,可以用它来划分土类。

②液性指数 $I_L$:天然含水率与塑限的差值和液限与塑限差值之比。公式为:

$$I_L = \frac{w - w_P}{w_L - w_P} = \frac{w - w_P}{I_P} \tag{7-13}$$

液性指数描述的是黏性土所处的状态,黏性土可根据液性指数 $I_L$ 分为 5 个状态,见表 7-2。

**按液性指数划分的黏性土的状态**                                     表 7-2

| 液性指数 | $I_L \leq 0$ | $0 < I_L \leq 0.25$ | $0.25 < I_L < 0.75$ | $0.75 < I_L \leq 1$ | $I_L > 1$ |
|---|---|---|---|---|---|
| 状态 | 坚硬 | 硬塑 | 可塑 | 软塑 | 流塑 |

### 三、土的颗粒级配

自然界中的土颗粒大小相差悬殊,颗粒大小不同的土,其工程性质也各异。为便于研究,把土的粒径按性质相近的原则进行划分,我国按界限粒径 200mm、60mm、2mm、0.075mm 和 0.005mm 把土粒分为 6 组,即漂石(块石)、卵石(碎石)、圆砾(角砾)、砂粒、粉粒及黏粒,如图 7-4 所示。

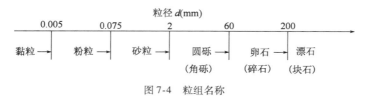

图 7-4　粒组名称

土中土粒组成,通常以土中各个粒组的相对含量(各粒组占土粒总质量的百分数)来表示,称为土的颗粒级配。

对于粒径小于或等于 60mm、大于 0.075mm 的土可用筛分法;对于粒径小于 0.075mm 的粉粒和黏粒难以筛分,一般可用密度计法或移液管法测得颗粒级配。根据颗粒分析试验结果,可以绘制如图 7-5 所示的颗粒级配曲线。

横坐标(按对数比例尺)表示某一粒径($d$);纵坐标表示小于某一粒径的土粒百分含量(%)。由颗粒级配曲线可知某一粒径范围的百分含量。

在级配曲线上,可确定两个描述土级配的指标,即

不均匀系数:

$$C_n = \frac{d_{60}}{d_{10}}$$

曲率系数:

$$C_c = \frac{d_{30}^2}{d_{60} d_{10}}$$

式中:$d_{60}$(限定粒径)——小于某粒径的含量占总量的 60% 时相应的粒径;

$\quad\quad d_{10}$(有效粒径)——小于某粒径的含量占总量的 10% 时相应的粒径;

$\quad\quad d_{30}$(连续粒径)——小于某粒径的含量占总量的 30% 时相应的粒径。

土级配优劣的标准:级配良好的土,曲线光滑连续,不存在平台段,坡度平缓,满足 $C_u > 5$ 及 $C_c = 1 \sim 3$ 两个条件(图 7-5 中的 $B$ 曲线);

级配不良的土:级配曲线坡度陡峭,粗细颗粒均匀;级配曲线存在平台段,不能同时满足 $C_u > 5$ 及 $C_c = 1 \sim 3$ 两个条件(图 7-5 中的 $C$ 曲线和 $A$ 曲线)。

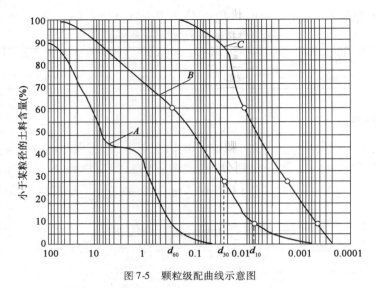

图 7-5  颗粒级配曲线示意图

# 第二节  土的压缩—固结试验

（1）当采用压缩模量进行沉降计算时，固结试验最大压力应大于土的有效自重压力与附加压力之和，试验成果可用 $e$-$p$ 曲线整理，压缩系数与压缩模量的计算应取土的有效自重压力至土的有效自重压力与附加压力之和的压力段。当考虑基坑开挖卸荷再加荷影响时，应进行回弹试验，其压力的施加应模拟实际的加、卸荷状态。

（2）当考虑土的应力历史进行沉降计算时，试验成果应按 $e$-$\lg p$ 曲线整理，确定先期固结压力并计算压缩指数和回弹指数。施加的最大压力应满足绘制完整的 $e$-$\lg p$ 曲线。为计算回弹指数，应在估计的先期固结压力之后，进行一次卸荷回弹，再继续加荷，直至完成预定的最后一级压力。

（3）当需进行沉降历时关系分析时，应选取部分土试样在土的有效自重压力与附加压力之和的压力下，作详细的固结历时记录，并计算固结系数。

（4）对厚层高压缩性软土上的工程，任务需要时应取一定数量的土试样测定次固结系数，用以计算次固结沉降及其历时关系。

（5）当需进行土的应力—应变关系分析，为非线性弹性、弹塑性模型提供参数时，可进行三轴压缩试验，并宜符合下列要求：

①采用 3 个或 3 个以上不同的固定围压，分别使试样固结，然后逐级增加轴压，直至破坏；每个围压试验宜进行 1~3 次回弹，并将试验结果整理成相应于各固定围压的轴向应力与轴向应变关系。

②进行围压与轴压相等的等压固结试验，逐级加荷，取得围压与体积应变关系曲线。

## 一、土的力学性质

研究地基变形和强度问题，对于保证建筑物的正常使用和经济、牢固等，都具有很大的实际意义。决定建筑物地基变形,以至失稳危险性的主要原因除上部荷载的性质、大小、分布面积与形状及时间因素等条件外,还在于地基土的力学性质,它主要包括土的变形和强度特性。

研究土的变形和强度特性,必须从土的应力—应变的基本关系出发。土的变形具有明显的非线性特征,地基土的非均质性是很显著的,但目前在一般工程中计算地基变形和强度的方法,都还是先把地基土看成均质体,再利用某些假设条件,最后结合工程经验加以修正的方法进行的。

## 二、土的压缩性

### 1. 基本概念

土在压力作用下体积缩小的特性称为土的压缩性。土的压缩可以看成是土中孔隙体积的减小。土的压缩随时间而增长的过程,称为土的固结。饱和软黏土的固结变形往往需要几年到几十年时间来完成,必须考虑地基变形和时间的关系。

### 2. 压缩性指标

计算地基沉降量时,必须取得土的压缩性指标。其主要包括:压缩系数 $a$、压缩模量 $E_s$、变形模量 $E_0$。压缩系数、压缩模量可以通过室内固结试验获得,变形模量可以现场荷载试验取得。

(1)压缩系数 $a$:表示在单位压力增量下土的孔隙比的减小。$a$ 越大,土的压缩性越高。压缩系数 $a$ 并非常量,而是随压力的逐渐增大而减小。压缩曲线如图7-6所示。

为了便于各地区各单位相互比较应用,《建筑地基基础设计规范》(GB 50007—2011)规定:取压力为 $100 \sim 200$kPa 段压缩曲线的斜率 $a_{1-2}$ 作为判别土的压缩性高低的标准。

$a_{1-2} < 0.1$MPa$^{-1}$,低压缩性土;

$0.1$MPa$^{-1} \leqslant a_{1-2} < 0.5$MPa$^{-1}$,中压缩性土;

$a_{1-2} \geqslant 0.5$MPa$^{-1}$,高压缩性土。

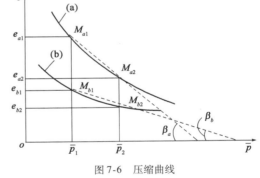

图7-6 压缩曲线

(2)压缩模量 $E_s$:土试样单向受压,应力增量与应变增量之比称为压缩模量,试验条件为侧限条件,即只能竖直单向压缩、侧向不能变形。

(3)变形模量 $E_0$:指无侧限条件下,单轴受压时应力与应变之比。

# 第三节 土的抗剪强度试验

(1)三轴剪切试验的试验方法应按下列条件确定:

①对饱和黏性土,当加荷速率较快时宜采用不固结不排水(UU)试验;饱和软土应对试样在有效自重压力下预固结后再进行试验。

②对经预压处理的地基、排水条件好的地基、加荷速率不高的工程或加荷速率较快,但土

的超固结程度较高的工程,以及需验算水位迅速下降时的土坡稳定性时,可采用固结不排水(CU)试验;当需提供有效应力抗剪强度指标时,应采用固结不排水测孔隙水压力试验。

(2)直接剪切试验的试验方法,应根据荷载类型、加荷速率和地基土的排水条件确定。对内摩擦角 $\varphi \approx 0$ 的软黏土,可用 I 级土试样进行无侧限抗压强度试验。

(3)测定滑坡带等已经存在剪切破裂面的抗剪强度时,应进行残余强度试验。在确定计算参数时,宜与现场观测反分析的成果比较后确定。

(4)当岩土工程评价有专门要求时,可进行 $K_0$ 固结不排水试验、$K_0$ 固结不排水测孔隙水压力试验,特定应力比固结不排水试验,平面应变压缩试验和平面应变拉伸试验等。

土是一种以固体颗粒为主的散体结构,粒间连接较弱,因此在外力作用下,其强度表现在土粒之间的错动、剪切以至破坏上。因此土体的强度指它的抗剪强度,土的破坏是剪切破坏。抗剪强度是指土体抵抗剪切破坏的能力。

土的抗剪强度指标为 $c$、$\varphi$,测定土的抗剪强度指标的试验方法主要有室内剪切试验和现场剪切试验两大类。不同类型的土,其抗剪强度变化很大,同一种土,在不同的密度、含水率、测试仪器下,其抗剪强度的数值也不相等,其影响因素可归结为:

一是土的物理化学性质,具体包括土粒的矿物成分、土的颗粒形状和级配、土的原始密度、土的含水率、土的结构。

二是孔隙水压力的影响。试验条件不同,影响孔隙水的排出,从而影响有效应力,结果影响测出的 $c$、$\varphi$ 大小。固结慢剪的 $\tau_f$ 结果最大;固结快剪的 $\tau_f$ 结果居中;快剪的 $\tau_f$ 结果最小。

土的强度成果主要应用于:地基承载力计算和地基的稳定性分析、土坡稳定性分析、挡土墙及地下结构上作用的土压力计算。

# 第四节　土的动力性质试验

(1)当工程设计要求测定土的动力性质时,可采用动三轴试验、动单剪试验或共振柱试验。在选择试验方法和仪器时,应注意其动应变的适用范围。

(2)动三轴试验和动单剪试验可用于测定土的下列动力性质:

①动弹性模量、动阻尼比及其与动应变的关系;

②既定循环周数下的动应力与动应变关系;

③饱和土的液化剪应力与动应力循环周数关系。

(3)共振柱试验可用于测定小动应变时的动弹性模量和动阻尼比。

## 一、土的动荷载

动荷载的类型很多,如爆炸、地震、风浪、车辆通行、机器振动等,它们都各有特点。当静荷载作用于土样时,荷载由小到大逐渐增加,只需用大小和方向(压缩或拉伸)即可将荷载描述清楚。当往复循环动荷载作用于土样时,表示动荷载特征的要素有:动荷载幅值大小,振动频率,持续时间,波形形状,规则波还是不规则波等。地震和机器振动是两种不同形式的动荷载,两者性状差别很大,地震荷载的特征为超低频、幅值大、持续时间短的不规则波;机器振动为高频、幅值小、持续时间长的规则波。

研究土在地震荷载作用下的动力反应是土动力学的主要内容。随着计算机技术的快速发展，现今可以用实测的地震荷载作为动荷载施加于土样进行动力试验，但这样做工作量很大，且地震记录没有重复性，实际意义不大。所以，目前室内常规试验所采用的动荷载，其波形为拉压对称的正弦波，频率为 0.5 ~ 2Hz。

### 二、常用的土动力指标

土的应力—应变是非线性的，这种特征对地震剪切荷载作用下的地基反应有很大影响。当一个循环荷载作用于土体，其应力—应变曲线可表示为一狭长的封闭滞回圈。土的应力—应变是非线性的，而且能吸收相当大的能量。应力—应变的非线性和吸收能量现象在应变水平大时更为明显，而在加荷初期和小应变时接近线性和弹性。进行地震条件条件下的地面反应分析时，土体处于较小的应变水平，大多采用等效线性黏弹体模型来描述土的应力—应变特征。当动荷载较大或持续时间较长时，相应土的应变逐渐增大，土处于高应变水平，这种情况下需要评估在地震荷载作用下地基的稳定性，这时需要确定土的动强度。所以在地震荷载作用下，进行地面动力反应分析时，需确定小应变下的剪切模量和阻尼比；在大应变时需确定土的动强度。

#### 1. 动模量

动模量：引起单位动应变所需的动应力。

（1）动剪切模量：

$$G_d = \frac{\tau_d}{\gamma_d} \tag{7-14}$$

式中：$G_d$——动剪切模量，kPa；

$\tau_d$——动剪切应力，kPa；

$\gamma_d$——动剪切应变。

（2）动压缩模量：

$$E_d = \frac{\sigma_d}{\varepsilon_d} \tag{7-15}$$

式中：$E_d$——动压缩模量，kPa；

$\sigma_d$——动轴应力，kPa；

$\varepsilon_d$——动轴应变。

已知土的泊松比 $\mu$、$G_d$、$E_d$、$\gamma_d$ 和 $\varepsilon_d$，有如下相互换算关系：

$$G_d = \frac{E_d}{2(1 + \mu)} \tag{7-16}$$

$$\gamma_d = (1 + \mu)\varepsilon_d \tag{7-17}$$

式（7-16）、式（7-17）中符号意义同上。

测定动模量的方法是将动荷载施加于试样上，同时记录动应力和动应变，某一循环的动应力与同一循环的动应变之比即动模量。

（3）另一个测定小应变时的动模量可通过物探试验，直接测定土的剪切波速 $v_s$，用下式计

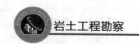

算剪切模量 $G$:

$$G = \rho v_s^2 \tag{7-18}$$

式中: $G$——剪切模量,kPa;

$\rho$——土的密度,g/cm³;

$v_s$——剪切波速,m/s。

**2. 阻尼比**

阻尼比可衡量一周循环荷载内土吸收能量的特性,吸收能量大小可用滞回圈面积表示。

阻尼比 $D$ 即土的阻尼系数与临界系数之比,即:

$$D = \frac{1}{4\pi} \frac{A_c}{A_T} \tag{7-19}$$

式中: $A_c$——滞回圈面积;

$A_T$——三角形面积。

另一种常用的计算小应变时阻尼比的方法为自由振动法,用下式计算阻尼比 $D$:

$$D = \frac{1}{2\pi} \frac{1}{N} \ln \frac{A_1}{A_{n+1}} \tag{7-20}$$

式中: $D$——阻尼比;

$N$——计算所取的振动次数;

$A_1$——停止激振后第 1 周的振幅,mm;

$A_{n+1}$——停止激振后第 $N+1$ 周的振幅,mm。

**3. 动强度**

土在动荷载作用下,土的应力、应变及孔隙压力随时间(振动次数)而变化,动强度是经一定振动次数后试样达到破坏的振动剪应力,振动剪应力与破坏周数的关系曲线称为动强度曲线。对某一密度的土,作用的动剪应力大,达到破坏的振次少;动剪应力小,振动次数多。破坏标准有应变标准、孔压标准和极限平衡标准等,不同破坏标准得到不同的动强度。

# 第五节　岩　石　试　验

(1)岩石的成分和物理性质试验可根据工程需要选定下列项目:

①岩矿鉴定;

②颗粒密度和块体密度试验;

③吸水率和饱和吸水率试验;

④耐崩解性试验;

⑤膨胀试验;

⑥冻融试验。

(2)单轴抗压强度试验应分别测定干燥和饱和状态下的强度,并提供极限抗压强度和软化系数。岩石的弹性模量和泊松比,可根据单轴压缩变形试验测定。对各向异性明显的岩石,应分别测定平行和垂直层理面的强度。

（3）岩石三轴压缩试验宜根据其应力状态选用 4 种围压，并提供不同围压下的主应力差与轴向应变的关系。

抗剪强度包络线和强度参数 $c$、$\varphi$ 值。

（4）岩石直接剪切试验可测定岩石以及节理面、滑动面、断层面或岩层层面等不连续面上的抗剪强度，并提供 $c$、$\varphi$ 值和各法向应力下的剪应力与位移曲线。

（5）岩石抗拉强度试验可在试件直径方向上，施加一对线性荷载，使试件沿直径方向破坏，间接测定岩石的抗拉强度。

（6）当间接确定岩石的强度和模量时，可进行点荷载试验和声波速度测试。

组成地壳的岩石，都是在一定的地质条件下，由一种或几种矿物自然组合而成的矿物集合体。岩石是具有一定矿物成分、结构、构造的连续体。

**一、岩石的物理性质**

（1）岩石的相对密度 $G$：单位体积岩石固体部分的质量。在数值上等于岩石固体颗粒的质量与同体积 4℃时纯水的质量的比值，即 $G = \dfrac{W_s}{V_s \cdot \gamma_w}$。

（2）岩石的重度 $\gamma$：岩石单位体积的重量。在数值上等于岩石试件的总重量（包括孔隙中的水重）与总体积（包括孔隙体积）之比，即 $\gamma = \dfrac{W}{V}$。

岩石的干重度 $\gamma_d$：岩石中完全没有水存在时的重度，即 $\gamma_d = \dfrac{W_s}{V}$。

（3）岩石的孔隙性：反映岩石中各种孔隙（包括细微的裂隙）的发育程度，用孔隙度 $\varPhi$ 表示。

岩石的孔隙度 $\varPhi$：岩石中未被固体物质充填的空间体积 $V_p$ 与岩石总体积 $V_b$ 的比值，$\varPhi = \dfrac{V_p}{V_b}$。

**二、岩石的水理性质**

**1. 岩石的吸水性**

其反映岩石在一定条件下的吸水能力，一般用吸水率表示。

岩石的吸水率：岩石在通常大气压下的吸水能力。在数值上等于岩石的吸水重量与同体积干燥岩石重量之比，用百分数表示。

$w_1(吸水率) = \dfrac{W_w}{W_s} \times 100\%$（常压下），说明为开放型裂隙；

$w_2(饱水率) = \dfrac{W_w}{W_s} \times 100\%$（15MPa），说明为开放型裂隙；

$k_s(饱水率) = \dfrac{w_1(吸水率)}{w_2(饱水率)}$。

饱水率和饱水系数可用来判断抗冻性和抗风化能力。

**2. 岩石的透水性**

其反映岩石允许水透过本身的能力,用渗透系数来表示。

岩石的渗透系数 $K$:单位水力梯度下的单位流量,又称水力传导系数,表示流体通过孔隙骨架的难易程度。

$$K = \frac{k\gamma}{\mu} = \frac{kg}{v}$$

式中:$K$——孔隙介质的渗透率;

　　$\gamma$——重度;

　　$\mu$——黏度;

　　$v$——运动黏度。

**3. 岩石的软化性**

其反映岩石受水作用后,强度与稳定性发生变化的性质。岩石软化性的指标是软化系数。

岩石的软化系数 $k_d$:在数值上等于岩石在饱和状态下的极限抗压强度和在风干状态下的极限抗压强度的比,用小数表示。

$$k_d = \frac{R_w}{R_d}$$

式中:$R_w$——饱水时抗压强度;

　　$R_d$——干燥时抗压强度。

**4. 岩石抗冻性**

岩石孔隙中有水存在时,水结冰,体积膨胀,产生巨大压力。由于这种压力的作用,会促使岩石的强度降低和稳定性破坏。岩石抵抗这种压力作用的能力,称为岩石的抗冻性。在高寒冰冻地区,抗冻性是评价岩石工程性质的一个重要指标。岩石的抗冻性有不同的表示方法,一般用岩石在抗冻试验前后抗压强度的降低率来表示。

$$R_1 = \frac{R_1 - R_2}{R_2}$$

式中:$R_1$——强度损失率;

　　$R_1$、$R_2$——冻融前后饱和岩石抗压强度。

$$W_1 = \frac{W_1 - W_2}{W_2}$$

式中:$W_1$——重量损失率;

　　$W_1$、$W_2$——冻融前后饱和岩石重量。

**三、岩石的力学性质**

岩石在外力作用下,首先发生变形,当外力继续增加到某一数值后,就会产生破坏。所以在研究岩石的力学性质时,既要考虑岩石的变形特性,也要考虑岩石的强度特性。

岩石受力作用后产生变形,在弹性范围内,岩石的变形性能一般用弹性模量和泊松比两个指标表示。

1.弹性模量和泊松比

弹性模量 $E$:应力应变之比。泊松比 $v$:横向应变与纵向应变的比。

2.岩石的强度

其反映岩石抵抗外力破坏的能力。岩石的强度和应变形式有很大关系。岩石受力的作用而发生破坏,有压碎、拉断和剪切等形式,所以其强度可分为抗压强度、抗拉强度、抗剪强度等。

(1)抗压强度 $R_C$:反映岩石在单向压力作用下抵抗压碎破坏的能力。在数值上等于岩石受压达到破坏时的极限应力。

$$R_C = \frac{p_f}{A}$$

式中:$p_f$——破坏时的轴向力。

(2)抗拉强度:在数值上等于岩石单向拉伸时,拉断破坏时的最大张应力。岩石的抗拉强度远小于抗压强度。

(3)抗剪强度(抗剪断强度、抗切强度、抗摩擦强度):反映岩石抵抗剪切破坏的能力。在数值上等于岩石受剪切破坏时的极限剪应力。在一定压力下岩石剪断时,剪破面上的最大剪应力,称为抗剪断强度。

## 思考题

1.土的物理性质指标有哪些? 哪些是试验指标? 哪些是换算指标?

2.土的三相组成包括哪些? 如何判定土的级配是否良好?

3.绘制土的三相草图,写出土的三相比例指标各自的定义和表达式。

4.采用压缩模量进行沉降计算时,固结试验最大压力应大于多少?

5.什么是土的压缩模量和变形模量? 两者的试验条件是否相同?

6.三轴剪切试验的试验方法应如何确定?

7.土的动力试验有哪些?

8.常用的土动力指标有哪些?

9.岩石的成分和物理性质试验可选定哪些试验项目?

# 第八章 地 下 水

## 第一节 地下水及其勘察要求

### 一、地下水的基本知识

我们把存在于地壳表面以下岩土空隙（如岩石裂隙、溶穴、土孔隙等）中的水称为地下水。岩石的空隙既是地下水储存的场所，又是地下水的渗透通道，空隙的多少、大小及其分布规律，决定着地下水分布与渗透的特点。

1. 岩土空隙中的水

根据岩土中水的物理力学性质可将地下水分为：气态水、结合水、毛细水、重力水、固态水以及结晶水和结构水。岩土中的毛细水和重力水对地下水的工程特性有很大影响。

2. 与水分的储存和运移有关的岩土性质

将岩土的空隙作为地下水的储存场所和运移通道研究时，空隙可分为孔隙、裂隙和溶穴3类。岩土空隙的大小、多少与水分的储存、运移有密切的关系，空隙大小和数量不同的岩土，容纳、保持、释出及透过水的能力有所不同。岩土的水理性质主要有含水性、给水性和透水性。

（1）岩土的含水性

岩土含水的性质称为含水性。通常岩土能容纳和保持水分多少的表示方法有以下两种：

①容水度。岩土空隙完全被水充满时的含水量称为容水度，它用容积表示时即为：岩土空隙中所能容纳的最大的水的体积与岩土体积之比，以小数或百分数表示。显然，容水度在数值上与孔隙度、裂隙率或岩溶率相等。但是，对于具有膨胀性的黏土来说，充水后体积扩大，容水度可能大于孔隙度。

②持水度（最大分子含水量）。岩土颗粒的结合水达到最大数值时的含水率称为持水度。饱水岩土在重力作用下释水时，一部分水从空隙中流出，另一部分水仍保持于空隙之中。所以，持水度就是指受重力作用时岩土仍能保持的水的体积与岩土体积之比。在重力作用下，岩土空隙中所保持的主要是结合水。因此，持水度实际上说明了岩土中结合水含量的多少。

（2）岩土的给水性

岩土的给水性用给水度表示。饱水岩土在重力作用下排出的水的体积与岩土体积之比，称为给水度。给水度在数值上等于容水度减去持水度。岩土给水度的大小与空隙大小及空隙多少密切相关，其中空隙大小对给水度的影响更为显著。不同岩土的给水度是不同的（表8-1）。

松散沉积物的给水度值

表 8-1

| 岩石名称 | 给 水 度 | 岩石名称 | 给 水 度 |
|---|---|---|---|
| 砾石 | 0.35 ~ 0.30 | 细砂 | 0.20 ~ 0.15 |
| 粗砂 | 0.30 ~ 0.25 | 极细砂及粉砂 | 0.15 ~ 0.05 |
| 中砂 | 0.25 ~ 0.20 | 黏性土 | 0 ~ 0.05 |

（3）岩土的透水性

岩土允许重力水渗透的能力称为透水性,通常用渗透系数表示。岩土的透水性又取决于岩土中空隙的大小、数量和连通程度。

岩土按其透水性的强弱分为透水的、半透水的和不透水的 3 类。透水的(有时包括半透水的)岩土层称为透水层。

3. 含水层和隔水层

饱水带岩土层按其透过和给出水的能力,可以划分为含水层和隔水层。能够给出并透过相当数量重力水的岩土层称为含水层。构成含水层的条件:一是岩土层中要有空隙存在,并充满足够数量的重力水;二是这些重力水能够在岩土空隙中自由运动。不能给出并透过水的岩层称为隔水层。隔水层还包括那些给出与透过水的数量很少的岩土层,也就是说,有的隔水层可以含水,但是不具有允许相当数量的水透过自身的性能。

**二、地下水勘察要求**

（1）通过搜集资料和勘察工作,掌握下列水文地质条件:

①地下水的类型和赋存状态;

②主要含水层的分布规律;

③区域性气候资料,如年降水量、蒸发量及其变化和对地下水位的影响;

④地下水的补给排泄条件、地表水与地下水的补排关系及其对地下水位的影响;

⑤勘察时的地下水位、历史最高地下水位、近 3 ~ 5 年最高地下水位、水位变化趋势和主要影响因素;

⑥是否存在地下水和地表水的污染源及其可能的污染程度。

（2）对缺乏常年地下水位监测资料的地区,在高层建筑或重大工程的初步勘察时,宜设置长期观测孔,对有关层位的地下水进行长期观测。

（3）对高层建筑或重大工程,当水文地质条件对地基评价、基础抗浮和工程降水有重大影响时,宜进行专门的水文地质勘察。

（4）专门的水文地质勘察应符合下列要求:

①查明含水层和隔水层的埋藏条件,地下水类型、流向、水位及其变化幅度,当场地有多层对工程有影响的地下水时,应分层量测地下水位,并查明互相之间的补给关系;

②查明场地质条件对地下水赋存和渗流状态的影响;必要时应设置观测孔,或在不同深度处埋设孔隙水压力计,量测压力水头随深度的变化;

③通过现场试验,测定地层渗透系数等水文地质参数。

（5）水试样的采取和试验应符合下列规定:

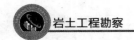

①水试样应能代表天然条件下的水质情况；

②水试样的采取和试验项目应符合《岩土工程勘察规范》（GB 50021—2001）的规定；

③水试样应及时试验，清洁水放置时间不宜超过72h，稍受污染的水不宜超过48h，受污染的水不宜超过12h。

# 第二节  水文地质参数的测定

## 一、水文地质参数的测定

（1）水文地质参数的测定方法应符合表8-2的规定。

水文地质参数测定方法                                           表8-2

| 参　　　数 | 测　定　方　法 |
| --- | --- |
| 水位 | 钻孔、探井或测压管观测 |
| 渗透系数、导水系数 | 抽水试验、注水试验、压水试验、室内渗透试验 |
| 给水度、释水系数 | 单孔抽水试验、非稳定流抽水试验、地下水位长期观测、室内试验 |
| 越流系数、越流因数 | 多孔抽水试验（稳定流或非稳定流） |
| 单位吸水率 | 注水试验、压水试验 |
| 毛细水上升高度 | 试坑观测、室内试验 |

（2）地下水位的量测应符合下列规定：

①遇地下水时应量测水位；

②对工程有影响的多层含水层的水位量测，应采取止水措施，将被测含水层与其他含水层隔开。

（3）初见水位和稳定水位可在钻孔、探井或测压管内直接量测，稳定水位的间隔时间按地层的渗透性确定：对砂土和碎石土不得少于0.5h，对粉土和黏性土不得少于8h，并宜在勘察结束后统一量测稳定水位。量测读数至厘米，精度不得低于±2cm。

（4）测定地下水流向可用几何法，量测点不应少于呈三角形分布的3个测孔（井）。测点间距按岩土的渗透性、水力梯度和地形坡度确定，宜为50~100m。应同时量测各孔（井）内水位，确定地下水的流向。

地下水流速的测定可采用指示剂法或充电法。

（5）抽水试验应符合下列规定：

①抽水试验方法可按表8-3选用；

②抽水试验宜3次降深，最大降深应接近工程设计所需的地下水位降深的标高；

③水位量测应采用同一方法和仪器，对抽水孔读数至厘米，对观测孔读数至毫米；

④当涌水量与时间关系曲线和动水位与时间关系曲线在一定范围内波动，而没有持续上升和下降时，可认为水位已经稳定；

⑤抽水试验结束后应量测恢复水位。

**抽水试验方法和应用范围** 表 8-3

| 试 验 方 法 | 应 用 范 围 | 试 验 方 法 | 应 用 范 围 |
|---|---|---|---|
| 钻孔或探井简易抽水 | 粗略估算弱透水层的渗透系数 | 带观测孔抽水 | 较准确测定含水层的各种参数 |
| 不带观测孔抽水 | 初步测定含水层的渗透性参数 | | |

（6）渗水试验和注水试验可在试坑或钻孔中进行。对砂土和粉土，可采用试坑单环法；对黏性土可采用试坑双环法；试验深度较大时可采用钻孔法。

（7）压水试验应根据工程要求，结合工程地质测绘和钻探资料，确定试验孔位，按岩层的渗透特性划分试验段，按需要确定试验的起始压力、最大压力和压力级数，及时绘制压力与压入水量的关系曲线，计算试验段的透水率，确定 $p$-$Q$ 曲线的类型。

（8）孔隙水压力的测定应符合下列规定：

① 测定方法可按表 8-4 确定；

**孔隙水压力测定方法和适用条件** 表 8-4

| 仪器类型 | | 适 用 条 件 | 测 定 方 法 |
|---|---|---|---|
| 测压计式 | 立管式测压计 | 渗透系数大于 $10^{-4}$cm/s 的均匀孔隙含水层 | 将带有过滤器的测压管打入土层，直接在管内量测 |
| | 水压式测压计 | 渗透系数低的土层，量测由潮汐涨落、挖方引起的压力变化 | 用装在孔壁的小型测压计探头，地下水压力通过塑料管传导至水银压力计测定 |
| | 电测式测压计（电阻应变式、钢弦应变式） | 各种土层 | 孔压通过透水石传导至膜片，引起挠度变化，诱发电阻片（或钢弦）变化，用接收仪测定 |
| | 气动测压计 | 各种土层 | 利用两根排气管使压力为常数，用传递的孔压在透水元件中的水压阀产生压差测定 |
| | 孔压静力触探仪 | 各种土层 | 在探头上装有多孔透水过滤器、压力传感器，在贯入过程中测定 |

② 测试点应根据地质条件和分析需要布置；

③ 测压计的安装和埋设应符合有关安装技术规定；

④ 测试数据应及时分析整理，出现异常时应分析原因，并采取相应措施。

## 二、地下水运动的基本规律

地下水在岩石空隙中的运动称为渗流或渗透。发生渗流的区域称为渗流场。由于受到介质的阻滞，地下水的流动远比地表水缓慢。

在岩层空隙中渗流时，水的质点有秩序的、互不混杂的流动，称作层流运动。在具狭小空隙的岩土（如砂、裂隙不大的基岩）中流动时，重力水受到介质的吸引力较大，水的质点排列较有秩序，故称作层流运动。水的质点无秩序的、互相混杂的流动，称作紊流运动。作紊流运动时，水流所受阻力比层流状态大，消耗的能量较多。在宽大的空隙中（大的溶穴、宽大裂隙及卵砾石孔隙中），水的流速较大时，容易呈紊流运动。在自然条件下，地下水流动时阻力较大，一般流速较小，绝大多数属层流运动。但在岩石的洞穴及大裂隙中地下水的运动多属于非层流运动。

1852—1855 年,法国水力学家达西通过大量的实验(图 8-1),得到地下水线性渗透定律,即达西定律,用下式表示:

$$Q = kA \frac{H_1 - H_2}{L} = kAi \qquad (8-1)$$

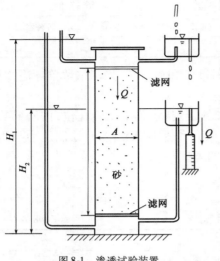

图 8-1　渗透试验装置

式中:$Q$——单位时间内的渗透流量,$m^3/d$;

$A$——过水断面面积,$m^2$;

$H_1$——上游过水断面的水头,m;

$H_2$——下游过水断面的水头,m;

$L$——渗透路径,即上下游过水断面的距离,m;

$i$——水力坡度,即水头差除以渗透路径;

$k$——渗透系数,$m/d$。

从水力学已知,通过某一断面的流量 $Q$ 等于流速 $v$ 与过水断面积 $A$ 的乘积,即

$$Q = Av \qquad (8-2)$$

据此,达西定律也可以表达为另一种形式:

$$v = ki \qquad (8-3)$$

$v$ 称作渗透流速,其余符号意义同前。

由式(8-3)可知:地下水的渗流速度与水力坡度的一次方成正比,也就是线性渗透定律。当 $i = 1$ 时,$k = v$,即渗透系数是单位水力坡度时的渗流速度。达西定律只适用于雷诺数≤10 的地下水层流运动。

### 1. 渗流速度

式(8-3)中的过水断面,包括岩土颗粒所占据的面积及孔隙所占据的面积,而水流实际通过的过水断面面积是孔隙实际过水的面积 $A'$,即

$$A' = An_e \qquad (8-4)$$

式中:$n_e$——有效孔隙度。

由此可知,$v$ 并非实际流速,而是假设水流通过包括骨架与空隙在内的整个断面流动时所具有的虚拟流速。

### 2. 水力坡度 $i$

水力坡度为沿渗透路径水头损失与相应渗透长度的比值。水质点在空隙中运动时,为了克服水质点之间的摩擦阻力,必须消耗机械能,从而出现水头损失。所以,水力坡度可以理解为水流通过单位长度渗透路径为克服摩擦阻力所耗失的机械能。

### 3. 渗透系数 $k$

从达西定律 $v = ki$ 可以看出,水力坡度 $i$ 是无因次的。故渗透系数 $k$ 的因次与渗流速度相同,一般采用 $m/d$ 或 $cm/s$ 为单位。令 $i = 1$,则 $v = k$。即渗透系数为水力坡度等于 1 时的渗流速度。水力坡度为定值时,渗透系数越大,渗流速度就越大;渗流速度为一定值时,渗透系数越大,水力坡度越小。由此可见,渗透系数可定量说明岩土的渗透性能。渗透系数越大,岩土的透水能力越强。$k$ 值可在室内做渗透试验测定或在野外做抽水试验测定。

# 第三节 地下水作用的评价

## 一、地下水的作用和影响

（1）地下水力学作用的评价应包括下列内容：

①对基础、地下结构物和挡土墙，应考虑在最不利组合情况下，地下水对结构物的上浮作用；对节理不发育的岩石和黏土且有地方经验或实测数据时，可根据经验确定；有渗流时，地下水的水头和作用宜通过渗流计算进行分析评价。

②验算边坡稳定时，应考虑地下水对边坡稳定的不利影响。

③在地下水位下降的影响范围内，应考虑地面沉降及其对工程的影响；当地下水位回升时，应考虑可能引起的回弹和附加的浮托力。

④当墙背填土为粉砂、粉土或黏性土，验算支挡结构物的稳定时，应根据不同排水条件评价地下水压力对支挡结构物的作用。

⑤因水头压差而产生自下向上的渗流时，应评价产生潜蚀、流土、管涌的可能性。

⑥在地下水位下开挖基坑或地下工程时，应根据岩土的渗透性、地下水补给条件，分析评价降水或隔水措施的可行性及其对基坑稳定和邻近工程的影响。

（2）地下水的物理、化学作用的评价应包括下列内容：

①对地下水位以下的工程结构，应评价地下水对混凝土、金属材料的腐蚀性，评价方法按《岩土工程勘察规范》（GB 50021—2011）的要求执行；

②对软质岩石、强风化岩石、残积土、湿陷性土、膨胀岩土和盐渍岩土，应评价地下水的聚集和散失所产生的软化、崩解、湿陷、胀缩和潜蚀等有害作用；

③在冻土地区，应评价地下水对土的冻胀和融陷的影响。

（3）对地下水采取降低水位措施时，应符合下列规定：

①施工中地下水位应保持在基坑底面以下 0.5～1.5m；

②降水过程中应采取有效措施，防止土颗粒的流失；

③防止深层承压水引起的突涌，必要时应采取措施降低基坑下的承压水头。

（4）当需要进行工程降水时，应根据含水层渗透性和降深要求，选用适当降低水位的方法。当几种方法有互补性时，也可组合使用。

## 二、地下水对工程的影响

在工程建设中，地下水常常起着重大作用。地下水对建筑工程的不良影响主要有：降低地下水位会使软土地基产生固结沉降；不合理的地下水流动会诱发某些土层出现流沙现象和机械潜蚀；地下水对位于水位以下的岩石、土层和建筑物基础产生浮托作用。

1.毛细水对建筑工程的影响

毛细水主要存在于直径为 0.5～0.002mm 的孔隙中。在地下水面以上，由于毛细力的作

用,一部分水可以沿细小孔隙上升,能在地下水面以上形成毛细水带。毛细水能作垂直运动,可以传递静水压力,能被植物所吸收。

毛细水产生毛细压力,毛细水会影响土中气体的分布与流通,常常会导致产生封闭气体。封闭气体可以增加土的弹性和减小土的渗透性。

当地下水位埋深变浅时,由于毛细水上升,可助长地基土的冰冻现象,使地下室潮湿,危害房屋基础及公路路面,促使土的沼泽化、盐渍化。

2. 地下水位下降引起软土地基沉降

地下水是地质环境的重要组成部分,且最为活跃。在许多情况下地质环境的变化常常是由地下水的变化引起的。

松软土地区大面积抽取地下水,将造成大规模的地面沉降。地面沉降是一个环境工程地质问题。它给建筑物、上下水管道及城市道路都带来很大危害。地面沉降还会引起向沉降中心的水平移动,使建筑物基础、桥墩错动,铁路和管道扭曲拉断。

控制地面沉降最好的方法是合理开采地下水,多年平均开采量不能超过平均补给量。在地面沉降已经严重发生的地区,对含水层进行回灌可使地面沉降适当恢复。

3. 动水压力产生流沙和潜蚀

流沙是指松散细小的土颗粒在动水压力下产生的悬浮流动现象。地下水自下而上渗流时,当地下水的动水压力大于土粒的浮重度或地下水的水力坡度大于临界水力坡度时,使土颗粒的有效应力等于零,土颗粒悬浮于水中,随水一起流出就会产生流沙。

流沙是一种不良的工程地质现象,在建筑物深基础工程和地下建筑工程的施工中所遇到的流沙现象主要有:

如果地下水渗流产生的动水压力小于土颗粒的有效重度,即渗流水力坡度小于临界水力坡度,那么,虽然不会发生流沙现象,但是土中细小颗粒仍有可能穿过粗颗粒之间的孔隙被渗流携带走。时间长了,流沙发展结果是使基础发生滑移或不均匀沉降、基坑坍塌、基础悬浮等,将这些现象称为机械潜蚀。

在可能产生流沙的地区,若上覆有一定厚度的土层,应尽量利用上覆土层做天然地基,或者用桩基础穿过易发生流沙的地层,应尽可能避免开挖。如果必须开挖,可用以下方法处理流沙:

(1)人工降低地下水位,使地下水位降至可能产生流沙的地层以下,然后开挖。

(2)打板桩。在土中打入板桩,这一方面可以加固坑壁,另一方面增长了地下水的渗流路径,减小了水力坡度。

(3)冻结法。用冷冻方法使地下水结冰,然后开挖。

(4)水下挖掘。在基坑(或沉井)中用机械在水下挖掘。为避免因排水导致流沙的水头差,增加砂土层的稳定,也可向基坑中注水并同时进行挖掘。

此外,处理流沙的方法还有化学加固法、爆炸法及加重法等。在基槽开挖的过程中局部地段出现流沙时,立即抛入大块石等,可以阻止流沙的进一步发展。

4. 地下水的浮托作用

当建筑物基础底面位于地下水位以下时,地下水对基础底面产生静水压力,即产生浮托力。如果基础位于粉性土、砂土、碎石土和节理裂隙发育的岩石地基上,则按地下水位100%计算浮托力;如果基础位于节理裂隙不发育的岩石地基上,则按地下水位50%计算浮托力;如果基础位于黏性土地基上,其浮托力较难确切地确定,应结合地区的实际经验考虑。

地下水不仅对建筑物基础产生浮托力,同样对其水位以下的岩体、土体产生浮托力。

**5. 承压水对基坑的作用**

当深基坑下部有承压含水层存在,开挖基坑会减小含水层上覆隔水层的厚度,在隔水层厚度减小到一定程度时,承压水的水头压力能顶裂或冲毁基坑底板,造成突涌现象。基坑突涌将会破坏地基强度,并给施工带来很大困难。所以,在进行基坑施工时,必须分析承压水头是否会冲毁基坑底部的黏性土层。

通常用压力平衡概念进行验算,即

$$\gamma M = \gamma_w H \tag{8-5}$$

式中:$\gamma$、$\gamma_w$——黏性土的重度和地下水的重度;

$H$——相对于含水层顶板的承压水头值;

$M$——基坑开挖后基坑底部黏土层的厚度。

所以,基坑底部黏土层的厚度必须满足式(8-6),见图8-2。

$$M \geqslant \frac{\gamma_w}{\gamma} H \tag{8-6}$$

如果该式不满足,则必须用深井抽汲承压含水层中的地下水,使其承压水头下降至基坑底面以下(图8-3)。

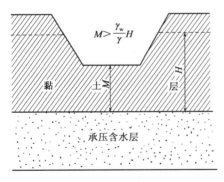

图8-2 基坑底黏土层最小厚度

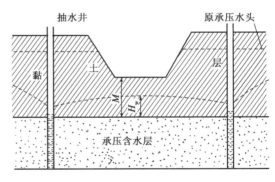

图8-3 抽水降低承压水头

# 第四节 水和土腐蚀性评价

## 一、取样和测试

(1)当有足够经验或充分资料,认定工程场地及其附近的土或水(地下水或地表水)对建筑材料有腐蚀性时,可不取样试验进行腐蚀性评价。否则,应取水试样或土试样进行试验,并评定其对建筑材料的腐蚀性。

土对钢结构腐蚀性的评价可根据任务要求进行。

（2）采取水试样和土试样应符合下列规定：

①混凝土结构处于地下水位以上时，应取土试样作土的腐蚀性测试。

②混凝土结构处于地下水或地表水中时，应取水试样作水的腐蚀性测试。

③混凝土结构部分处于地下水位以上、部分处于地下水位以下时，应分别取土试样和水试样作腐蚀性测试。

④水试样和土试样应在混凝土结构所在的深度采取，每个场地不应少于 2 件；当土中盐类成分和含量分布不均匀时，应分区、分层取样，每区、每层取样数不应少于 2 件。

（3）水和土腐蚀性的测试项目和试验方法应符合下列规定：

①水对混凝土结构腐蚀性的测试项目包括：pH 值、$Ca^{2+}$、$Mg^{2+}$、$Cl^-$、$SO_4^{2-}$、$HCO_3^-$、$CO_3^{2-}$、侵蚀性 $CO_2$、游离 $CO_2$、$NH_4^+$、$OH^-$、总矿化度；

②土对混凝土结构腐蚀性的测试项目包括：pH 值、$Ca^{2+}$、$Mg^{2+}$、$Cl^-$、$SO_4^{2-}$、$HCO_3^-$、$CO_3^{2-}$ 的易溶盐（土水比 1:5）分析；

③土对钢结构的腐蚀性的测试项目包括：pH 值、氧化还原电位、极化电流密度、电阻率、质量损失；

④腐蚀性测试项目的试验方法应符合表 8-5 的规定。

**腐蚀性试验方法**　　　　　　　　　　　　　　　　　　　　　　表 8-5

| 序 号 | 试 验 项 目 | 试 验 方 法 |
|---|---|---|
| 1 | pH 值 | 电位法或锥形玻璃电极法 |
| 2 | $Ca^{2+}$ | EDTA 电容法 |
| 3 | $Mg^{2+}$ | EDTA 电容法 |
| 4 | $Cl^-$ | 摩尔法 |
| 5 | $SO_4^{2-}$ | EDTA 电容法或质量法 |
| 6 | $HCO_3^-$ | 酸滴定法 |
| 7 | $CO_3^{2-}$ | 酸滴定法 |
| 8 | 侵蚀性 $CO_2$ | 盖耶尔法 |
| 9 | 游离 $CO_2$ | 碱滴定法 |
| 10 | $NH_4^+$ | 纳氏试剂比色法 |
| 11 | $OH^-$ | 酸滴定法 |
| 12 | 总矿化度 | 计算法 |
| 13 | 氧化还原电位 | 铂电极法 |
| 14 | 极化电流密度 | 原位极化法 |
| 15 | 电阻率 | 四极法 |
| 16 | 质量损失 | 管罐法 |

（4）水和土对建筑材料的腐蚀性，可分为微、弱、中、强 4 个等级进行评价。

**二、腐蚀性评价**

（1）受环境类型影响,水和土对混凝土结构的腐蚀性试验方法,应符合表 8-5 的规定;环境类型的划分按表 8-6 进行。

**混凝土腐蚀的场地环境类别** 表 8-6

| 环境类别 | 气候区 | 土层特性 | | 干湿交替 | 冰冻区（段） |
|---|---|---|---|---|---|
| Ⅰ | 高寒区 干旱区 半干旱区 | 直接临水,强透水土层中的地下水,或湿润的强透水土层 | 有 | 混凝土无论在地面或地下,无干湿交替作用时,其腐蚀强度比有干湿交替作用时相对降低 | 混凝土无论在地面上或地面下,当受潮或浸水时,处于严重冰冻区（段）、冰冻区段,或微冰冻区（段） |
| Ⅱ | 高寒区 干旱区 半干旱区 | 弱透水土层中的地下水,或湿润的强透水土层 | 有 | | |
| | 湿润区 半湿润区 | 直接临水,强透水土层中的地下水,或湿润的强透水土层 | 有 | | |
| Ⅲ | 各气候区 | 弱透水土层 | 无 | | 不冻区（段） |
| 备注 | 当竖井、隧道、水坝等工程的混凝土结构一面与水（地下水或地表水）接触,另一面又暴露在大气中时,其场地环境分类应划分为Ⅰ类 | | | | |

（2）受地层渗透性影响,水和土对混凝土结构的腐蚀性评价,应符合表 8-5 的规定。

（3）当按表 8-7、表 8-8 评价的腐蚀等级不同时,应按下列规定综合评定。

**按环境类型进行水和土对混凝土结构腐蚀性的评价** 表 8-7

| 腐蚀等级 | 腐蚀介质 | 环境类型 | | |
|---|---|---|---|---|
| | | Ⅰ | Ⅱ | Ⅲ |
| 微 | 硫酸盐含量 $SO_4^{2-}$ （mg/L） | <200 | <300 | <500 |
| 弱 | | 200～500 | 300～1500 | 500～3000 |
| 中 | | 500～1500 | 1500～3000 | 3000～6000 |
| 强 | | >1500 | >3000 | >6000 |
| 微 | 镁盐含量 $Mg^{2+}$ （mg/L） | <1000 | <2000 | <3000 |
| 弱 | | 1000～2000 | 2000～3000 | 3000～4000 |
| 中 | | 2000～3000 | 3000～4000 | 4000～5000 |
| 强 | | >3000 | >4000 | >5000 |
| 微 | 铵盐含量 $NH_4^+$ （mg/L） | <100 | <500 | <800 |
| 弱 | | 100～500 | 500～800 | 800～1000 |
| 中 | | 500～800 | 800～1000 | 1000～1500 |
| 强 | | >800 | >1000 | >1500 |
| 微 | 苛性碱含量 $OH^-$ （mg/L） | <35000 | <43000 | <57000 |
| 弱 | | 35000～43000 | 43000～57000 | 57000～70000 |
| 中 | | 43000～57000 | 57000～70000 | 70000～100000 |
| 强 | | >57000 | >70000 | >100000 |

续上表

| 腐蚀等级 | 腐蚀介质 | 环 境 类 型 | | |
|---|---|---|---|---|
| | | Ⅰ | Ⅱ | Ⅲ |
| 微 | 总矿化度<br>（mg/L） | <10000 | <20000 | <50000 |
| 弱 | | 10000~20000 | 20000~50000 | 50000~60000 |
| 中 | | 20000~50000 | 50000~60000 | 60000~70000 |
| 强 | | >50000 | >60000 | >70000 |

注:1.表中数值适用于有干湿交替作用的情况,Ⅰ、Ⅱ类腐蚀环境无干湿交替作用时,表中硫酸盐含量数值应乘以1.3的系数。

2.表中数值适用于水的腐蚀性评价,对土的腐蚀性评价,应乘以1.5的系数,单位以mg/kg表示。

3.表中苛性碱($OH^-$)含量(单位为mg/L)应为NaOH和KOH中的$OH^-$含量(单位为mg/L)。

**按地层渗透性进行水和土对混凝土结构腐蚀性的评价** 表8-8

| 腐 蚀 等 级 | pH 值 | | 侵蚀性 $CO_2$（mg/L） | | $HCO_3^-$（mmol/L） |
|---|---|---|---|---|---|
| | A | B | A | B | A |
| 微 | >6.5 | >5.0 | <15 | <30 | >1.0 |
| 弱 | 6.5~5.0 | 5.0~4.0 | 15~30 | 30~60 | 1.0~0.5 |
| 中 | 5.0~4.0 | 4.0~3.5 | 30~60 | 60~100 | <0.5 |
| 强 | <4.0 | <3.5 | >60 | — | — |

注:1.表中A是指直接临水或强透水层中的地下水;B是指弱透水层中的地下水。强透水层是指碎石土和砂土;弱透水层是指粉土和黏性土。

2.$HCO_3^-$含量是指水的矿化度低于0.1g/L的软水时,该类水质$HCO_3^-$的腐蚀性。

3.土的腐蚀性评价只考虑pH值指标,评价其腐蚀性时,A是指强透水土层,B是指弱透水土层。

①腐蚀等级中只出现弱腐蚀,无中等腐蚀或强腐蚀时,应综合评价为弱腐蚀。

②腐蚀等级中无强腐蚀,最高为中等腐蚀时,应综合评价为中等腐蚀。

③腐蚀等级中有一个或一个以上为强腐蚀,应综合评价为强腐蚀。

（4）水和土对钢筋混凝土结构中钢筋的腐蚀性评价,应符合表8-9的规定。

**水和土对钢筋混凝土结构中钢筋腐蚀性的评价** 表8-9

| 腐 蚀 等 级 | 水中的 $Cl^-$ 含量（mg/L） | | 土中的 $Cl^-$ 含量（mg/kg） | |
|---|---|---|---|---|
| | 长期浸水 | 干湿交替 | A | B |
| 微 | <10000 | <100 | <400 | <250 |
| 弱 | 10000~20000 | 100~500 | 400~750 | 250~500 |
| 中 | — | 500~5000 | 750~7500 | 500~5000 |
| 强 | — | >5000 | >7500 | >5000 |

注:A是指地下水位以上的碎石土、砂土、稍湿的粉土,坚硬、硬塑的黏性土;B是湿、很湿的粉土,可塑、软塑、流塑的黏性土。

（5）土对钢结构的腐蚀性评价,应符合表8-10的规定。

（6）水、土对建筑材料腐蚀的防护,应符合现行国家标准《工业建筑防腐蚀设计规范》（GB 50046—2008）的规定。

**土对钢结构腐蚀性的评价** 表 8-10

| 腐 蚀 等 级 | pH | 氧化还原电位<br>（mV） | 视电阻率<br>（Ω·m） | 极化电流密度<br>（mA/cm²） | 质量损失<br>（g） |
|---|---|---|---|---|---|
| 微 | >5.5 | >400 | >100 | <0.02 | <1 |
| 弱 | 5.5~4.5 | 400~200 | 100~50 | 0.02~0.05 | 1~2 |
| 中 | 4.5~3.5 | 200~100 | 50~20 | 0.05~0.20 | 2~3 |
| 强 | <3.5 | <100 | <20 | >0.20 | >3 |

注：土对钢结构腐蚀性的评价，取各指标中腐蚀等级最高者。

## 思考题

1. 地下水的勘察有哪些要求？

2. 地下水的物理性质包括哪些方面？

3. 水文地质参数的测定方法可以分为哪几种？试简述之。

4. 试说明地下水对工程的影响。

5. 如何评价地下水的腐蚀性？

# 第九章　现场检验与监测

## 第一节　现场检验与监测的意义和内容

现场检验与监测是岩土工程中的一个重要环节,它与勘察、设计、施工一起,构成了岩土工程的完整体系。其目的在于保证工程的质量和安全,提高工程效益。

现场检验与监测工作一般是在勘察和施工期间进行的。但对有特殊要求的工程,则应在使用、运营期间内继续进行。所谓"特殊要求"指的是:有特殊意义的重大建筑物;一旦损坏造成生命、财产巨大损失或重大社会影响的工程;对建筑物和地基变形有特殊限制的工程;使用了新的设计、施工或地基处理方案,尚缺乏必要经验的工程。

岩土工程勘察重视和强调定量化评价,为解决岩土工程问题而提出对策,制订措施。它在现场检验与监测这一环节中体现得更为明显。通过现场检验与监测所获取的数据,可以预测一些不良地质现象的发展演化趋势及其对工程建筑物的可能危害,以便采取防治对策和措施;也可以通过"足尺试验"进行反分析,求取岩土体的某些工程参数,以此为依据及时修正勘察成果,优化工程设计,必要时应进行补充勘察;它对岩土工程施工质量进行监控,以保证工程的质量和安全。

显然,现场检验与监测在提高工程的经济效益、社会效益和环境效益中,起着十分重要的作用。

现场检验的含义和内容:

现场检验指的是在施工阶段对勘察成果的验证核查和施工质量的监控。因此检验工作应包含两方面内容:

(1)验证核查岩土工程勘察成果与评价建议,即施工时通过基坑开挖等手段揭露岩土体,所获得的第一性工程地质和水文地质资料比勘察阶段更确切,可以用来补充和修正勘察成果。如果实际情况与勘察成果出入较大时,还应进行施工阶段的补充勘察。

(2)对岩土工程施工质量的控制与检验,即施工监理与质量控制。例如,天然地基基槽的尺寸、槽底标高的检验,局部异常的处理措施;桩基础施工中的一系列质量监控;地基处理,施工质量的控制与检验;深基坑支护系统施工质量的监控等。

现场监测的含义和内容:

现场监测指的是在工程勘察、施工以至运营期间,对工程有影响的不良地质现象、岩土体性状和地下水等进行监测,其目的是为了工程的正常施工和运营,确保安全。监测工作主要包含三方面内容:

(1)施工和各类荷载作用下岩土反应性状的监测。例如,土压力观测、岩土体中的应力量测、岩土体变形和位移监测、孔隙水压力观测等。

(2)对施工或运营中结构物的监测。对于像核电站等特别重大的结构物,则在整个运营期间都要进行监测。

（3）对环境条件的监测。包括对工程地质和水文地质条件中某些要素的监测，尤其是对工程构成威胁的不良地质现象，在勘察期间就应布置监测（如滑坡、崩塌、泥石流、土洞等）；除此之外，还应对相邻结构物及工程设施在施工过程中可能发生的变化、施工振动、噪声和污染等进行监测。

# 第二节 地基基础的检验与监测

## 一、天然地基的基槽检验与监测

### 1. 现场检验

现场检验适用于天然土层为地基持力层的浅基础。主要作基坑开挖后的验槽工作。为了做好此项工作，要求熟悉勘察报告，掌握地基持力层的空间分布和工程性质，并了解拟建建筑物的类型和工作方式，研究基础设计图纸及环境监测资料等，做好验槽的必要准备工作。

（1）当遇到下列情况之一时，应重点进行验槽：

①持力层的顶板标高有较大起伏变化。

②基础范围内存在两种以上不同成因类型的地层。

③基础范围内存在局部异常土质或有坑穴、古井、老地基或古迹遗址。

④基础范围内遇有断层破碎带、软弱岩脉以及废（古）河道、湖泊、沟谷等不良地质、地貌条件。

⑤在雨季或冬季等不良气候条件下施工，基底土质可能受到影响。

（2）验槽的要求是：

①核对基槽的施工位置、平面尺寸、基础埋深和槽底标高。平面尺寸由设计中心线向两边量测，长、宽尺寸不应偏小；槽底标高的偏差，一般情况下应控制在 0~50mm 范围内。

②槽底基础范围内若遇到异常情况时，应结合具体地质、地貌条件提出处理措施。必要时可在槽底进行轻便钎探。当施工揭露的地基土条件与勘察报告有较大出入或者验槽人员认为有必要时，可有针对性地进行补充勘察。

③验槽后应写出检验报告，内容包括：岩土描述、槽底土质平面分布图、基槽处理竣工图、现场测试记录的检验报告。验槽报告是岩土工程的重要技术档案，应做到资料齐全，及时归档。

### 2. 现场监测

当重要建筑物基坑开挖较深或地基土层较软弱时，可根据需要布置监测工作。现场监测的内容有：基坑底部回弹观测、建筑物基础沉降及各土层的分层沉降观测、地下水控制措施的效果及影响的监测、基坑支护系统工作状态的监测等。本节只讨论基坑底部回弹观测问题。

高层建筑在采用箱形基础时，由于基坑开挖面积大而深，卸除了土层较大的自重应力后，普遍存在基坑底面的回弹。基坑的回弹再压缩量一般占建筑物完工时沉降量的 1/3~2/3，最大者达 1 倍以上;地基土质越硬,则回弹量所占比值越大。说明基坑回弹不可忽视,应予监测,并将实测沉降量减去回弹量,才是真正的地基土沉降量;否则实际观测的沉降量偏大。除卸荷回弹外,在基坑暴露期间,土中黏土矿物吸水膨胀、基坑开挖接近临界深度导致土体产生剪切位移以及基坑底部存在承压水时,皆可引起基坑底部隆起,观测时应予以注意。基底回弹监测应在开挖完工后立即进行,在基坑的不同部位设置固定测点用水准仪观测,且继续进行建筑物施工过程中以至竣工之后的地基沉降监测,最终可绘制基底的回弹、沉降与卸载、加载关系曲线。

### 二、桩基工程的检测

#### 1. 桩基工程检测的意义

桩基是高、重建筑物和构筑物的主要基础形式,属深基础类型。它的主要功能是将荷载传递至地下较深处的密实土层或岩层上,以满足承载力和变形的要求。与其他类型的深基础相比较,桩基的几何尺寸较小,施工简便,适用范围广,所以是高、重建筑物和构筑物大量采用的基础形式,近 20 年来国内的桩基工程新技术获得迅猛发展。为了提高桩基的设计、施工水平,岩土工程师们都很关注桩基质量的检测。桩基工程按施工方法,可分为预制桩和灌注桩两种,最主要的材料是钢筋混凝土。

钢筋混凝土预制桩一般都是采用锤击打入土层中的,其常见的质量问题是:

①桩身混凝土强度等级低或桩身有缺陷,锤击过程中桩头或桩身破裂;

②桩无法穿透硬夹层而达不到设计标高;

③由于沉桩挤土引起土层中出现高孔隙水压力,大范围土体隆起和侧移,以至对周围建筑物、管线、道路等产生危害;

④在桩基施工中,由于相邻工序处理不当,造成基桩过大侧移而引起基桩倾斜、位移。

灌注桩由于成桩过程是"地下作业",因此控制质量的难度也大,存在的质量问题更多。常见的质量问题是:

①由于混凝土配合比不准确、稀释和离析等原因,使桩身混凝土强度不够;

②由于夹泥、断桩、颈缩等原因,造成桩身结构缺陷(不完整);

③桩底虚土、沉碴过厚和桩周泥皮过厚,使桩长和桩径不够。

上述预制桩和灌注桩的质量问题,都会导致满足不了承载力和变形的要求,所以需加强桩基质量的检测工作。

#### 2. 桩基工程检测的内容

桩基工程检测的内容,除了核对桩的位置、尺寸、距离、数量、类型,核查选用的施工机械、置桩能量与场地条件和工程要求,核查桩基持力层的岩土性质、埋深和起伏变化,以及桩尖进入持力层的深度等以外,通常应包括桩基强度、变形和几何受力条件等三个方面,尤以前者为主。

(1)桩基强度

桩基强度检验包括桩身结构完整性和桩承载力的检验。桩身结构完整性检验:检验桩是否存在断桩、缩颈、离析、夹泥、孔洞、沉碴过厚等施工缺陷,常采用声波法、动测法和静力载荷试验等检测方法。

（2）桩基变形

桩基变形需通过长期的沉降观测才能获得可靠结果,而且应以群桩在长期荷载作用下的沉降为准。一般工程只要桩身结构完整性和桩承载力满足要求,桩尖已达设计标高,且土层未发生过大隆起,就可以认为已符合设计要求。但重要工程必须进行沉降观测。

（3）几何受力条件

桩的几何受力条件是指桩位、桩身倾斜度、接头情况、桩顶及桩尖标高等的控制。在软土地区因打桩或基坑开挖造成桩的位移或上浮是经常发生的,通常应以严格的桩基施工工艺操作来控制。必要时应对置桩过程中造成的土体变形、超孔隙水压力以及对相邻工程的影响进行观测。

3. 桩身质量检测的方法

桩身质量的检测包括桩的承载力、桩身混凝土灌注质量和结构完整性等内容。

桩的承载力检测,传统而有效的方法是静力载荷试验法。此法为我国法定确定单桩承载力的方法,其试验要点在国家标准《建筑地基基础设计规范》（GB 50007—2011）等有关规范、手册中均有明确规定。尽管此法费时费钱,在工程实践中仍普遍采用。

桩身混凝土灌注质量和结构完整性检测主要用于大直径灌注桩。检测方法有钻孔取芯法、声波法和动测法。钻孔取芯法可以检查桩身混凝土质量和孔底沉渣。由于芯样小,灌注桩的局部缺陷往往难以被发现。声波法检测灌注桩的混凝土质量轻便、可靠而直观,已得到广泛应用。

### 三、建筑物的沉降观测

1. 沉降观测的对象

（1）一级建筑物。

（2）不均匀或软弱地基上的重要二级及以上建筑物。

（3）加层、接建或因地基变形、局部失稳而使结构产生裂缝的建筑物。

（4）受邻近深基坑开挖施工影响或受场地地下水等环境因素变化影响的建筑物。

（5）需要积累建筑经验或进行反分析计算参数的工程。

2. 观测点的布置及观测方法

一般是在建筑物周边的墙、柱或基础的同一高程处设置多个固定的观测点,且在墙角、纵横墙交叉处和沉陷缝两侧都应有测点控制。距离建筑物一定范围设基准点,从建筑物修建开始直至竣工以后的相当长时间内定期观测各测点高程的变化。观测次数和间隔时间应根据观测目的、加载情况和沉降速率确定。当沉降速率小于1mm/100d时可停止经常性的观测。建筑物竣工后的观测间隔时间按表9-1确定。

**建筑物竣工后的观测间隔时间**　　　　　　　　　表9-1

| 沉降速率（mm/d） | 观测间隔时间（d） | 沉降速率（mm/d） | 观测间隔时间（d） |
| --- | --- | --- | --- |
| ＞0.3 | 15 | 0.02～0.05 | 180 |
| 0.1～0.3 | 30 | 0.01～0.02 | 365 |
| 0.05～0.1 | 90 | | |

根据观测结果绘制加载、沉降与时间的关系曲线,由此可以较好地划定地基土的变形性和均一性;与预测的结论对比,以检验计算采用的理论公式、方案和所用参数的可靠性;获得在一定土质条件下选择建筑结构形式的经验。也可由实测结果进行反分析,即反求土层模量或确定沉降计算经验系数。

# 第三节 不良地质作用和地质灾害的监测

## 一、岩土体变形监测

### 1. 岩土体变形监测的意义

岩土体的变形量是评价岩土体及建筑物稳定状态或建筑物是否能正常使用最直接的指标,监测结果也可用作反演计算的参数或检验计算方法的适宜性。对工程岩土体采取加固措施时也需以变形监测资料作依据。由于岩土体的工程性质复杂而多变,勘察时往往难以掌握清楚,以致评价不够确切。对一些重大工程,尤其是复杂地质条件的工程,进行岩土体和建筑物变形监测就十分必要。不仅可及时发现问题,采取对策和措施,以保证工程的正常施工和使用,而且积累有价值的经验资料,对发展岩土力学和提高勘察工作水平皆有重要意义。

### 2. 岩土体变形监测的内容和方法

岩土体变形监测内容广泛,主要包括各种不良地质现象和各类工程(各种地基基础工程、边坡工程和地下工程)所涉及的岩土体内部的压缩、拉伸及剪切变形和表面位移量的监测。这里着重介绍边坡工程和滑坡以及地下工程岩土体变形监测(下文介绍"洞室壁面收敛量测")的内容和方法。

(1)边坡工程和滑坡的监测。

边坡工程和滑坡监测的目的,一是正确判定其稳定状态,预测位移、变形的发展趋势,作出边坡失稳或滑坡临滑前的预报;二是为整治提供科学依据以及检验整治的效果。监测内容可分地面位移监测、岩土体内部变形和滑动面位置监测以及地下水监测三项。

①地面位移监测。主要采用经纬仪、水准仪或光电测距仪重复观测各测点的位移方向和水平、铅直距离,以此来判定地面位移矢量及其随时间变化的情况。测点可根据具体条件和要求布置成不同形式的线、网,一般在条件较复杂和位移较大的部位测点应适当加密。

②岩土体内部变形和滑动面位置监测。

准确地确定滑动面位置是进行滑坡稳定性分析和整治的前提条件,它对于正处于蠕滑阶段的滑坡效果显著。目前常用的监测方法有:管式应变计、倾斜计和位移计等。它们皆借助于钻孔进行监测。

管式应变计监测是在聚氯乙烯管上隔一定距离贴电阻应变片,随后将其埋置于钻孔中,用于测量由于滑坡滑动引起管的变形。安装变形管时必须使应变片正对着滑动方向。测量结果可清楚地显示滑坡体随时间不同深度的位移变形情况以及滑动面的位置。此法较简便,在国内外应用广泛。

倾斜计是一种量测滑坡引起钻孔弯曲的装置,可以有效了解滑动面的深度。该装置有两种形式:一种是由地面悬挂一个传感器至钻孔中,量测预定各深度的弯曲;另一种是钻孔中按深度装置固定的传感器。

位移计是一种靠测量金属线伸长来确定滑动面位置的装置,一般采用多层位移计量测,将金属线固定于孔壁的各层位上,末端固定在滑床上。它可以用来判断滑动面的深度和滑坡体随时间的位移变形。

地下水的监测见本章第四节有关内容。

(2)洞室壁面收敛量测

洞室壁面收敛量测是直接量测岩体表面两点间的距离改变量,它被用于了解洞室壁面间的相对变形和边坡上张裂缝的发展变化,据此对工程稳定性趋势作出评价和对破坏时间作出预报。边坡张裂缝量测方法比较简单,一般在裂缝两侧埋设固定点,用钢卷尺直接量测即可。洞室壁面收敛量测则需借助于专用的收敛计。

**二、岩土体内部应力监测**

岩土体内部应力量测与变形量测的意义一样,可用来监测建筑物的安全使用,也可检验计算模型和计算参数的适用性和准确性。

岩土体内部的应力可分为初始应力和二次应力。初始应力也称地应力,它的概念和量测原理及方法见《岩土工程勘察规范》(GB 50021—2001)相关内容,这里仅讨论工程建筑物兴建后的二次应力,主要指的是房屋建筑基础底面与地基土的接触压力、挡土结构上的土压力以及洞室的围岩压力等的量测问题。

岩土压力的量测是借助于压力传感器装置来实现的,一般将压力传感器埋设于结构物与岩土体的接触面上。目前国内外采用的压力传感器多数为压力盒,有液压式、气压式、钢弦式和电阻应变式等不同形式和规格的产品,以最后两种较常用。

# 第四节　地下水的监测

**一、地下水监测的意义和条件**

地下水对工程岩土体的强度和变形以及对建筑物稳定性的影响,都极为重要。例如,在高层建筑深基坑开挖和支护中,由于地下水的作用,可能会导致坑底上鼓溃决、流沙突涌、支护结构移位倾倒,降水引起周围地面沉降而导致建筑物破坏。因此在深基坑施工过程中要加强地下水的监测。地下水也是各种不良地质现象产生的重要因素。例如,作用于滑坡上的孔隙水压力、浮托力和动水压力,直接影响滑坡的稳定性;饱水砂土的管涌和液化、岩溶区的地面塌陷等,无不与地下水的作用息息相关。因此要对地下水压力、孔隙水压力准确控制,以保证工程顺利、安全施工和正常运行。

对地下水进行监测,不同于水文地质学中"长期观测"的含义。观测针对的是地下水的天然水位、水量和水质的时间变化规律,一般仅提出动态观测资料;监测则不仅仅是观测,还要根

据观测资料提出问题,制订处理方案和措施。

在下列条件下应进行地下水的监测:①当地下水位的升降影响岩土体稳定,以致产生不良地质现象时;②当地下水位上升对构筑物产生浮托力或对地下室和地下构筑物的防潮、防水产生较大影响时;③当施工排水对工程有较大影响时;④当施工或环境条件改变造成的孔隙水压力、地下水压力的变化对岩土工程有较大影响时。

地下水监测的内容包括:地下水位的升降、变化幅度及其与地表水、大气降水的关系;工程降水对地质环境及附近建筑物的影响;深基、洞室施工,评价斜坡、岸边工程稳定和加固软土地基等进行孔隙水压力和地下水压力的监控;管涌和流土现象对动水压力的监控;当工程可能受腐蚀时,对地下水水质的监测等。

### 二、孔隙水压力监测

孔隙水压力对岩土体变形和稳定性有很大的影响,因此在饱和土层中进行地基处理和基础施工过程中以及研究滑坡稳定性等问题时,孔隙水压力的监测很有必要。其具体监测目的如表9-2所示。

孔隙水压力监测的目的                                          表9-2

| 项　　目 | 监　测　目　的 |
| --- | --- |
| 加载预压地基 | 估计固结度以控制加载速率 |
| 强夯加固地基 | 控制强夯间歇时间和确定强夯深度 |
| 预制桩施工 | 控制打桩速率 |
| 工程降水 | 监测减压井压力和控制地面沉降 |
| 研究滑坡稳定性 | 控制和治理 |

监测孔隙水压力所用的孔隙水压力计型号和规格较多,应根据监测目的、岩土的渗透性和监测期长短等条件选择(表9-3),其精度、灵敏度和量程必须满足要求。

孔隙水压力计类型、适用条件及计算公式                              表9-3

| 仪　器　类　型 | | 适　用　条　件 | 计　算　公　式 |
| --- | --- | --- | --- |
| 立管式(敞开式) | | 渗透系数大于 $10^{-4}\mathrm{cm/s}$ 的岩土层 | $U = \gamma_w h$ |
| 水压式(液压式) | | 渗透系数小的土层,量测精度>2kPa,监测期<1个月 | $U = \gamma_w h + p$ |
| 气动式(气压式) | | 各种岩土层,量测精度≥10kPa,监测期<1个月 | $U = C + \alpha_p$ |
| 电测式 | 振弦式 | 各种岩土层,量测精度≤2kPa,监测期>1个月 | $U = K(f_{02} - f_2)$ |
| | 电阻应变式 | 各种岩土层,量测精度≤2kPa,监测期<1个月 | $U = K(e_1 - e_0)$ |
| | 差动变压式 | 各种岩土层,量测精度≤2kPa,监测期>1个月 | $U = K'(A - A_0)$ |

### 三、地下水压力(水位)和水质监测

地下水压力(水位)和水质监测工作的布置,应根据岩土体的性状和工程类型确定。一般顺地下水流向布置观测线。为了监测地表水与地下水之间关系,则应垂直地表水体的岸边线布置观测线。在水位变化大的地段、上层滞水或裂隙水聚集地带,皆应布置观测孔。基坑开挖工程降水的监测孔应垂直基坑长边布置观测线,其深度应达到基础施工的最大降水深度以下

1m 处。动态监测除布置监测孔外,还可利用地下水天然露头或水井。

地下水动态监测应不少于 1 个水文年。观测内容除了地下水位外,还应包括水温、泉的流量,在某些监测孔中有时尚应进行定期取水样作化学分析和抽水。观测时间间隔视目的和动态变化急缓时期而定,一般雨汛期加密,干旱季节放疏,可以 3～5 天或 10 天观测一次,而且各监测孔皆同时进行观测。作化学分析的水样,可放宽取样时间间隔,但每年不宜少于 4 次。观测上述各项内容的同时,还应观测大气降水、气温和地表水体(河、湖)的水位等,以相互对照。对受地下水浮托力的工程,地下水监测应进行至工程荷载大于浮托力后方可停止监测。

监测成果应及时整理,并根据所提出的地下水和大气降水量的动态变化曲线图、地下水压(水位)动态变化曲线图、不同时期的水位深度图、等水位线图、不同时期有害化学成分的等值线图等资料,分析对工程设施的影响,提出防治对策和措施。

## 思考题

1. 岩土工程监测的意义?

2. 地基工程监测的主要内容?

3. 不良地质作用如何监测?

4. 地下水如何监测?

# 第十章　岩土工程分析评价与成果报告

工程勘察成果报告是在工程勘察中所得的各种原始资料基础上,经整理、统计、归纳、分析、评价,形成系统的为工程建设服务的勘察技术文件。其任务是阐明勘察地区的工程地质条件和工程地质问题,对勘察区做出岩土工程分析与评价。岩土工程分析评价是勘察成果报告的核心内容。

## 第一节　岩土工程分析评价

### 一、岩土工程分析的内容

岩土工程分析是在工程地质测绘、勘探、测试和搜集已有资料的基础上,结合工程特点和要求进行。岩土工程分析评价的内容主要包括:

(1)场地的稳定性和适宜性评价分析:

场地的稳定性评价,顾名思义,就是看勘察场地及其临近有没有影响场地稳定性的因素,具体包括:

①不良地质作用和地质灾害,例如岩溶、土洞、滑坡、泥石流、崩塌、地面沉降、地下洞室(采空区、人防洞室等)、断层、地震效应等等;

②有无边坡稳定性问题;

③有无可能影响拟建建筑物安全的地形地貌。

场地的适宜性与场地的稳定性密切相关,在场地稳定性基础上综合考虑地形、土质的均匀性和密实程度、地下水对工程的影响程度等条件,定性地评价场地是否适宜进行建设工程。

(2)为岩土工程设计提供场地地层结构和地下水空间分布的参数、岩土体工程性质和状态的设计参数。

(3)预测拟建工程施工和运营过程中可能出现的岩土工程问题,并提出相应的防治对策、措施及合理的施工方法。

(4)提出地基与基础、边坡工程、地下洞室等各项岩土工程方案设计的建议。

(5)预测拟建工程对现有工程的影响、工程建设产生的环境变化,以及环境变化对工程的影响。

### 二、岩土工程分析评价的方法

为了做好岩土工程分析评价的各项内容,要开展好下列工作:

(1)充分了解工程结构的类型、特点、荷载情况和变形控制要求;

(2)掌握场地的地质背景,考虑岩土材料的非均质性、各向异性和随时间的变化,评估岩土参数的不确定性,确定其最佳估值;

（3）充分考虑当地经验和当地类似工程的经验；

（4）对于理论依据不足、实践经验不多的岩土工程问题，可通过现场模拟试验或足尺试验，取得实测数据进行分析评价；

（5）必要时可建议通过施工监测，调整设计和施工方案。

岩土工程分析评价应在定性分析的基础上进行定量分析。换言之，不经过定性分析评价是不能直接进行定量分析评价的。对某些问题则仅作定性分析评价即可，如工程选址及场地对拟建工程的适应性、场地地质背景和工程地质条件分析、场地地质条件的稳定性、岩土性状的描述等。

岩土体的变形、强度和稳定应定量分析。定量分析的方法可采用解析法、图解法或数值法。

定性分析和定量分析都应在详细占有资料和数据的基础上，运用成熟的理论和类似工程的经验进行论证，并宜提出多个方案进行比较。

岩土工程的分析评价，应根据岩土工程勘察等级区别进行。例如，对于建筑工程，丙级岩土工程勘察，可根据邻近工程经验，结合触探和钻探取样试验资料进行；对乙级岩土工程勘察，应在详细勘探、测试的基础上，结合邻近工程经验进行，并提供岩土的强度和变形指标；对甲级岩土工程勘察，除按乙级要求进行外，尚宜提供静载荷试验资料，必要时应对其中的复杂问题进行专门研究，并结合监测对评价结论进行检验。

工作需要时，可根据工程原型或足尺试验岩土体性状的量测结果，用反分析的方法反求岩土参数，验证设计计算，查验工程效果或事故原因。

### 三、岩土工程计算

分析评价中进行的岩土工程计算应按极限状态进行。所谓"极限状态"指的是：整个工程或工程的一部分，超过某一特定状态就不能满足设计规定的功能要求。这一特定状态即称为该功能的极限状态。各种极限状态都有明确的标志或限值。按工程使用功能，可将极限状态分为承载能力极限状态和正常使用极限状态两类。

#### 1. 承载能力极限状态

评价岩土地基承载力，边坡、挡墙和地基稳定性等问题，应按承载能力极限状态考虑，可根据有关设计规范规定，用分项系数或总安全系数方法计算，有经验时也可用隐含安全系数的抗力容许值进行计算。

#### 2. 正常使用极限状态

评价岩土体的变形、动力反应、透水性和涌水量等，按正常使用极限状态考虑。

# 第二节　岩土参数的分析和选定

## 一、岩土参数

岩土参数是指由室内土工试验和原位测试得到的反映岩土体物理力学性质的各类指标，

是岩土工程设计的基础。岩土工程分析是否符合客观实际,岩土工程设计是否可靠,很大程度上取决于岩土参数选取的合理性。因此,要求所选用的岩土参数必须能够正确反映岩土体在规定条件下的性状,能够比较真实地估计参数真值所在的区间,从而满足岩土工程设计计算的精度要求。

岩土参数可分为两类,一类是评价指标,用于评价岩土的性状,作为划分地层、鉴定类别的依据;另一类是计算指标,用于岩土工程设计,预测岩土体在荷载和自然因素作用下的力学行为和变化趋势,并指导施工和监测。工程上对这两类岩土参数的基本要求是可靠性和适用性。可靠性是指参数能正确反映岩土体的基本特性,能够较准确地估计岩土参数所在区间;适用性是指参数能满足岩土工程设计的假定条件和计算精度要求。

岩土参数应根据工程特点和地质条件选用,并从下面几个方面考虑其可靠性和适应性。

1. 取样方法和其他因素对试验结果的影响

岩土参数的可靠性很大程度取决于岩土试样的扰动程度,室内力学试验应采用不扰动的试样进行。采取快速静力连续压入的薄壁取土器取样,及时有效的密封,尽快进行试验,试样运输时避免振动都是减少土样扰动的有效措施。

2. 采用的试验方法和取值标准

例如,土的抗剪强度指标可采用三轴压缩试验、直剪试验、无侧限抗压强度试验等室内试验方法确定。三轴压缩试验又分不固结不排水、固结不排水和固结排水三种试验方法。试验方法不同,得到的土的抗剪强度指标大小也不同。

3. 不同测试方法所得结果的分析比较

例如,十字板是在现场测定的土的抗剪强度,属于不排水剪切的试验条件,因此其结果应与无侧限抗压强度试验结果接近。不固结不排水法三轴压缩试验与快剪法直剪试验的结果接近。

4. 测试结果的离散程度

由于不同的岩土类型、不同的地区差异以及取样的片面性,可能导致岩土试验参数之间具有较大的离散性。例如:同一地区的岩土体,其物理和力学参数可以相差几倍到几十倍不等。实际工程中,每个参数通常需要测试不少于 6 个样本,并对试验结果进行数理统计分析后,才能最终确定岩土参数。

5. 测试方法与计算模型的配套性

以地基稳定性验算为例,如何选取土的抗剪强度指标,应充分考虑地基土和上部施工速度。黏土层地基较厚、渗透性能较差,当上部施工速度较快的工程的施工期和竣工期地基稳定性验算可采用不固结不排水剪试验(或快剪试验)的强度指标;如当黏土层较薄,渗透性较大,施工速度较慢工程的竣工期地基稳定性验算可采用固结不排水剪试验(固结快剪试验)的强度指标等。

## 二、岩土参数统计分析与选定

1. 划分工程地质单元

岩土参数统计分析前,一定要正确的划分工程地质单元,不同工程地质单元的岩土参数不

能放在一起统计。在一般情况下,工程地质单元可按下列条件划分:

(1)具有同一地质时代、成因类型,并处于同一构造部位和同一地貌单元的岩土层。

(2)具有基本相同的岩土性特征,包括矿物成分、结构构造、风化程度、物理力学性能和工程性能等。

(3)影响岩土体工程地质的因素是基本相似的。

(4)对不均匀变形反应敏感的某些建(构)筑物的关键部位,视需要可划分更小的区段。

岩土工程勘察中,各项岩土参数可按工程地质单元、区段及层位分别进行统计整理,以便求得具有代表性的指标。统计整理时,如在合理分层基础上对每层岩土的有关测试项目,根据指标测试次数(每项参加统计的数据不宜小于 6 个)、地层均匀性和建筑物要求等因素选择合理的数理统计方法。

2. 岩土参数数理统计方法

按下列公式计算平均值、标准差和变异系数:

$$\phi_{\mathrm{m}} = \frac{\sum\limits_{i=1}^{n} \phi_i}{n} \tag{10-1}$$

$$\sigma_{\mathrm{f}} = \sqrt{\frac{1}{n-1}\left[\sum_{i=1}^{n}\phi_i^2 - \frac{\left(\sum\limits_{i=1}^{n}\phi_i\right)^2}{n}\right]} \tag{10-2}$$

$$\delta = \frac{\sigma_{\mathrm{f}}}{\phi_{\mathrm{m}}} \tag{10-3}$$

式中:$\phi_i$——岩土指标的实测值;

$n$——岩土参数统计样本数;

$\phi_m$——岩土参数的平均值;

$\sigma_{\mathrm{f}}$——岩土参数的标准差;

$\delta$——岩土参数的变异系数。

岩土参数的标准差可以作为评价参数离散性的尺度,但由于标准差是有量纲的指标,不能用于不同参数离散性的比较。为了评价岩土参数的变异特点,引入变异系数 $\delta$ 的概念。变异系数 $\delta$ 是无量纲系数,使用上也较为方便,在国际上是一个通用的指标,许多学者给出了不同国家、不同土类、不同指标的变异系数经验值。在正确划分地质单元和标准试验方法的条件下,变异系数反映了岩土指标固有的变异特性,例如,土的重度的变异系数一般小于 0.05 ,渗透系数的变异系数一般大于 0.4;对于同一个指标,不同的取样方法和试验方法得到的变异系数可能相差较大,例如用薄壁取土器取土测定的不排水强度的变异系数比常规厚壁取土器取土测定的结果小得多。

主要岩土参数还需绘制沿深度变化的图件,并按变化特点划分为相关型和非相关型。需要时应分析参数在水平方向上的变异规律。

相关型参数宜结合岩土参数与深度的经验关系,按下式确定剩余标准差,并用剩余标准差计算变异系数。

$$\sigma_{\text{r}} = \sigma_{\text{f}} \sqrt{1 - r^2} \tag{10-4}$$

式中:$\sigma_{\text{r}}$——剩余标准差;

$r$——相关系数,对非相关型,$r = 0$。

3. 岩土参数的选用

岩土参数的标准值是岩土工程设计的基本代表值,是岩土参数的可靠性估值,可按下列方法确定:

$$\phi_{\text{k}} = \gamma_{\text{s}} \phi_{\text{m}} \tag{10-5}$$

$$\gamma_{\text{s}} = 1 \pm \left( \frac{1.704}{\sqrt{n}} + \frac{4.678}{n^2} \right) \delta \tag{10-6}$$

式中:$\gamma_{\text{s}}$——统计修正系数。

式(10-6)中正负号按不利组合考虑,如抗剪强度指标的修正系数应取负值,标准贯入试验锤击数的修正系数应取负值,砂土孔隙比的修正系数应取正值,黏性土侧限压缩模量的修正系数应取负值,荷载板试验承载力的修正系数取负值。

统计修正系数 $\gamma_{\text{s}}$ 也可按岩土工程的类型和重要性、参数的变异性和统计数据的个数,根据经验选用。

在工程勘察成果中,一般按下列不同情况提供岩土参数值:

(1)一般情况下,应提供岩土参数的平均值、标准差、变异系数、数据分布范围和数据的数量;

(2)承载能力极限状态计算所需要的岩土参数标准值,一般按式(10-5)计算;当设计规范另有专门规定的标准值取值方法时,可按有关规范执行。

勘察报告一般不提供岩土参数设计值,当需要时,岩土参数的设计值可按下式计算:

$$\phi_{\text{d}} = \frac{\phi_{\text{k}}}{\gamma} \tag{10-7}$$

式中:$\gamma$——岩土参数的分项系数,按有关设计规范的规定取值。

# 第三节  勘察成果报告的基本要求

工程勘察成果报告是勘察工作的总结性文件,一般由基本文字报告和所附图表组成,对条件简单的工程勘察的成果报告内容可适当简化,采用以图表为主,辅以必要的文字说明;对条件复杂的工程勘察的成果报告除应包括上述内容外,尚可对专门性的岩土工程问题提交专门的试验报告、研究报告或监测报告等专题报告。

工程勘察成果报告是在工程勘察过程中所形成的各种原始资料编录的基础上进行的。原始资料必须真实、系统、完整,因此,对岩土工程分析所依据的一切原始资料,均应及时整编和检查。

为了保证成果报告的质量,应做到基础资料完整、真实准确、数据无误、图表清晰、结论有据、建议合理、便于使用和适宜长期保存,并应因地制宜,重点突出,有明确的工程针对性。

不同行业关于工程勘察的叫法不一,铁路、公路和水利水电等工程称之为工程地质勘察,其成果报告称为工程地质勘察报告;建筑、港口、地下等工程称之为岩土工程勘察,其成果报告称为岩土工程勘察报告,这是发展趋势。

下面介绍岩土工程勘察报告内容的基本要求。

## 一、文字报告基本要求

岩土工程勘察报告须根据任务要求、勘察阶段、工程特点和地质条件等具体情况编写。

鉴于岩土工程勘察的类型、规模各不相同,目的要求、工程特点和自然地质条件等差别很大,因此只能提出文字报告的基本内容和要求:

(1)介绍勘察目的、任务要求和依据的技术标准。任务要求一般以项目任务委托书的形式由建设单位提供,技术标准是指勘察工作所涉及的国家、地区或行业的技术规范(规程)。

(2)拟建工程概况,对拟建工程的类型、规模及其重要性、勘察阶段以及迫切要求解决的问题也应予以说明。详细勘察阶段还包括拟建工程地上层数、地下室情况、拟采用的基础形式等。

(3)勘察方法和勘察工作布置,包括各项勘察工作的数量布置及依据,工程地质测绘、勘探、取样、室内试验、原位测试等方法的必要说明。

(4)场地地形、地貌、地层、地质构造、岩土性质及其均匀性的描述。

(5)各项岩土性质指标,岩土的强度参数、变形参数、地基承载力的建议值。

(6)介绍地下水埋藏情况、类型、水位及其变化。

(7)评价土和水对建筑材料的腐蚀性。

(8)可能影响工程稳定的不良地质作用的描述和对工程危害程度的评价。

(9)场地稳定性和适宜性的评价。

(10)对于公路、铁路等工程还应对修筑路基的建筑材料作出评价。

(11)岩土工程勘察报告应对岩土利用、整治和改造进行不同方案的技术经济分析论证,并提出建议;对工程施工和使用期间可能发生的岩土工程问题进行预测,提出监控和预防措施的建议。

## 二、岩土工程勘察报告附图表

岩土工程勘察成果报告应附下列图件和表格:

(1)工程地质图或勘探点平面布置图。

(2)工程地质图。工程地质图是在选定的一定比例尺地形图上图示出勘察区的各种勘察工作成果,如工程地质条件和评价、预测工程地质问题等,即为工程地质图。其内容一般包括:

①地形地貌,地形切割情况,地貌单元的划分等;

②地层、岩性种类、分布情况及其工程地质特征;

③地质构造、褶皱、断层发育情况,破碎带节理、裂隙发育程度;

④水文地质条件;

⑤滑坡、崩塌、岩溶等物理地质现象的发育程度等。

（3）综合工程地质图。如在工程地质图上再加上拟建工程的布置、勘探点、线的位置和类型，以及工程地质分区线，即为综合工程地质图。

（4）勘探点平面布置图。若工程简单，且工程地质条件不复杂，可只在地形图上图示出拟建工程的位置，各类勘探、测试点的编号、位置、标高、深度和剖面连线等，即为勘探点平面布置图，如图 10-1 所示。

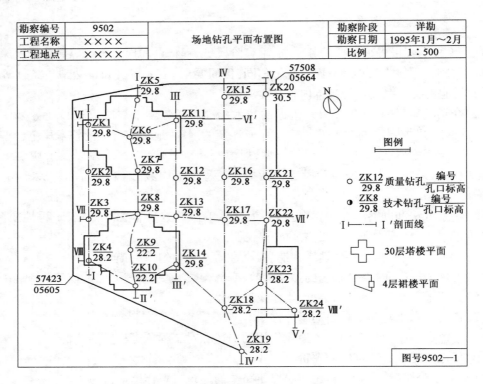

图 10-1　某工程的勘探点平面布置图

（5）工程地质柱状图。工程地质柱状图如图 10-2 所示。按测区露头和钻孔资料编制的表示地区工程地质条件随深度变化的图表和文件称为工程地质柱状图。

工程地质柱状图主要包括：地层的分布，应自上而下对地层进行编号和地层特征的描述。还应指出取土深度、标准贯入试验位置及地下水位等。

（6）工程地质剖面图。工程地质剖面图是指表示勘察区一定方向垂直面上工程地质条件的断面图，其纵横比例尺是不一样的。它反映某一勘探线地层沿竖向和水平向的分布情况。由于勘探线的布置常与主要地貌单元或地质构造线相垂直，或与拟建工程轴线相一致，故工程地质剖面图是勘察报告最基本的图件，如图 10-3 所示。

（7）勘探点主要数据一览表

勘探点主要数据一览表主要内容如下：

①勘探点编号和类型。勘探点类型主要分取样钻孔、标准贯入试验等原位试验孔、鉴别孔等；

②勘探点的坐标位置、孔口标高和勘探孔的深度；

| 勘察编号 | 9502 | | | 钻孔柱状图 | | | 孔口标高 | 29.8m |
|---|---|---|---|---|---|---|---|---|
| 工程名称 | ×××× | | | | | | 地下水位 | 27.6m |
| 钻孔编号 | ZK1 | | | | | | 钻探日期 | 1995年2月7日 |

| 地质代号 | 层底标高(m) | 层底深度(m) | 分层厚度(m) | 层序号 | 地质柱状 1:200 | 岩芯采取率(%) | 工程地质简述 | 标贯N₆₃.₅ 深度(m) | 实际击数／校正击数 | 岩样 编号／深度(m) | 备注 |
|---|---|---|---|---|---|---|---|---|---|---|---|
| Q^al | 3.0 | 3.0 | ① | | (斜网格) | 75 | 填土：杂色、松散、内有碎砖、瓦片、混凝土块、粗砂及黏性土，钻进时常遇混凝土板 | | | | |
| Q^al | 10.7 | 7.7 | ② | | | 90 | 黏土：黄褐色，冲积、可塑、具粘滑感，顶部为灰黑色耕作层，底部土中含较多粗颗粒 | 10.85 11.15 | 31／25.7 | ZK1-1 10.5~10.7 | |
| Q^al | 14.3 | 3.6 | ④ | | | 70 | 砾石：土黄色、冲积、松散，稍密，上部以砾、砂为主，含泥量较大，下部颗粒变粗，含砾石、卵石，粗径一般2~5cm，个别达7~9cm，磨圆度好 | | | | |
| Q^al | 27.3 | 13.0 | ⑤ | | | 85 | 粉质黏性土：黄褐色带白色斑点，残积为花岗岩风化产物，硬塑、坚硬，土中含较多粗石英粒，局部为砾质黏土 | 20.55 20.85 | 42／29.8 | ZK1-2 20.2~20.4 | |
| γ₃^3 | 32.4 | 5.1 | ⑥ | | | 80 | 花岗岩：灰白色、肉红色。粗粒结晶，中~微风化，岩石坚硬、性脆。可见矿物成分有长石、石英、角闪石、云母等。岩心呈柱状 | | | ZK1-3 31.2~31.3 | 图号9502-7 |

▲ 标贯位置 ■ 岩杆位置 ● 土样位置

图 10-2 工程地质柱状图

③原位测试成果图表，如静力载荷试验、标准贯入试验、十字板剪切试验、静力触探试验等的成果图件。

（8）土工试验成果汇总表。

室内土工试验的主要成果数据都汇总在该表中，包括钻孔（井）编号及土样编号、取样深度、土的试验结果定名、不同颗粒级配百分含量、物性指标（如天然含水率、天然重度等）及力学指标（如压缩系数、压缩模量、黏聚力、内摩擦角等）。

（9）水质分析报告。

水质分析报告内容包括水质分析成果，对建筑材料的腐蚀性评价。

（10）其他专门图件。

对于特殊土、特殊地质条件及专门性工程，根据各自的特殊需要，绘制相应的专门图件，如地下水等水位线图、照片、综合分析图表，岩土利用、整治和改造方案的有关图表，岩土工程计算简图及计算成果图表等。

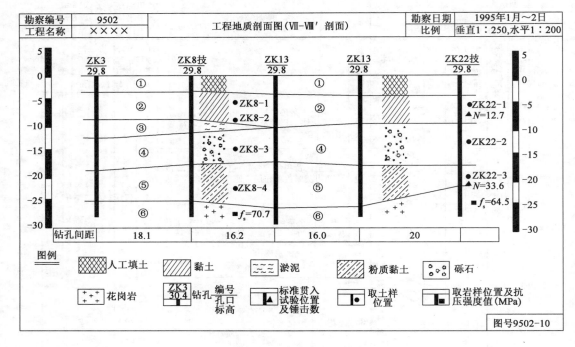

图 10-3　工程地质剖面图

### 三、专题报告

需要时,可提交下列专题报告:

(1)岩土工程测试报告,例如旁压试验报告;

(2)岩土工程检验或监测报告,例如验槽报告或沉降观测报告等;

(3)岩土工程事故调查与分析报告,例如某工程倾斜原因及纠倾措施报告;

(4)岩土利用、整治或改造方案报告,例如深基坑开挖的降水与支挡设计;

(5)专门岩土工程问题的技术咨询报告,例如场地地震反应分析或场地土液化势分析评价。

# 第四节　岩土工程勘察实例

本节以辽宁省沈阳市某拟建商业居住项目岩土工程勘察为例。该项目由中冶沈勘工程技术有限公司于 2016 年 3 月完成。

### 一、工程概况

勘察场地拟建 14 栋建筑物,地上 17 ~ 18 层,地下室 1 ~ 2 层,剪力墙结构,总建筑面积约 14.2 万 m²。

## 二、勘察目的、任务和主要依据

本工程勘察阶段为详细勘察阶段,其目的是对拟建建筑物提出详细的岩土工程勘察资料,对场地地基土做出工程评价,对建筑物的基础形式提出建议并提供相应的技术参数等。

本次勘察主要执行如下规范、规程:

| 《岩土工程勘察规范》(2009 年版) | (GB 50021—2001) |
|---|---|
| 《高层建筑岩土工程勘察规程》 | (JGJ 72—2004) |
| 《建筑抗震设计规范》 | (GB 50011—2010) |
| 《建筑地基基础设计规范》 | (GB 50007—2011) |
| 《建筑基坑支护技术规程》 | (JGJ 120—2012) |
| 《建筑桩基技术规范》 | (JGJ 94—2008) |
| 《建筑地基基础技术规范》 | (DB21/T 907—2015) |
| 《岩土工程勘察报告编制标准》 | (DB21/T 1214—2005) |
| 《岩土工程勘察安全规范》 | (GB 50585—2010) |

## 三、勘察手段及完成的工作量

根据《岩土工程勘察规范》(2009 年版)(GB 50021—2001)规定,拟建建筑物的工程重要性等级为二级,场地复杂程度等级为二级,地基复杂程度等级为二级,岩土工程勘察等级为乙级。地基基础设计等级为乙级。按以上等级布置勘探孔位置及数量。

主要完成工程地质钻探、钻孔内原位测试(标准贯入试验、动力触探试验、波速测试)、采取土水试样(原状土、扰动土、地下水和环境土试料),取原状土试样时采用薄壁取土器取土。波速测试采用 RSM-24FD 工程测试仪,测试采用单孔检层法。

## 四、工程地质条件

### 1. 区域地质构造概况

根据沈阳市抗震防灾基础资料,勘察场地的区域地质条件如下:

在区域地质构造上,沈阳市区位于华北地块内;根据地质构造活动的特点,沈阳市区位于沈北凹陷地块内;大地构造上处于辽东块隆与下辽河—辽东湾块陷相交接的部位。

在区域新构造运动上,沈阳市区位于千山—龙岗上升区,第四纪时期主要表现为掀抬式上升,为重力场的重力高带异常区。

在地震活动带划分上,沈阳市区位于华北地震区,郯庐断裂带北段。在区域地震危险性分析上,根据沈阳市基岩地震动分析结果,50 年 $P = 0.1$ 时,沈阳市计算烈度为 6.58 度,属于中国地震烈度区划中 7 度区的范畴。

### 2. 勘察场地的地形、地貌

勘察场地位于沈阳市东陵区白塔堡西侧。场地地形较平坦,地面高程为 39.38~43.83m,地貌单元为浑河冲积阶地。

3. 场地地基土的构成

根据钻探揭示,场地钻探深度范围内的地层结构由第四系全新统人工填筑层($Q_4^{ml}$)、第四系全新统浑河高漫滩及古河道冲洪积层($Q_4^{al+pl}$)组成,现将场地地层描述如下:

(1)第四系全新统人工填筑层($Q_4^{ml}$)

①杂填土:主要由砖块、碎石、混凝土块、黏性土及旧基础等组成,松散,该层分布连续;局部为耕土层;厚度为 0.50~3.60m,层底高程 38.51~41.14m。

(2)第四系全新统古河道冲洪积层($Q_4^{al+pl}$)

②粉质黏土:黄褐色~灰色,含少量氧化铁结核,硬可塑,局部硬塑;稍有光泽,摇振反应无,干强度中等,韧性中等;局部含有黏土薄夹层。该层分布连续,厚度 3.00~6.80m,层底高程 32.97~36.43m。

③粉质黏土:黄褐色~灰色,软可塑,稍有光泽,摇振反应无,干强度中等,韧性中等;局部含有黏土薄夹层。该层分布基本连续,厚度 0.70~4.90m,层底高程 29.93~34.78m。

④中砂:黄褐色,亚棱角形,石英~长石质,均粒结构,级配较差,充填少量的黏性土,局部含有粗砂薄夹层。湿,中密。该层分布连续,厚度 0.50~4.00m,层底高程 28.88~32.33m。

⑤砾砂:黄褐色,亚棱角形,石英~长石质,混粒结构,级配良好,充填少量的黏性土,局部含有圆砾薄夹层。湿,水下饱和,中密。该层分布连续,厚度 1.00~4.30m,层底高程 26.68~29.58m。

⑥圆砾:由结晶岩组成,亚圆形,颗粒坚硬,一般粒径 2~20mm,最大粒径 80mm,充填 30% 左右的混粒砂,中密;局部含有砾砂及黏性土薄夹层。大部分钻孔穿透该层,最大厚度 10.40m。

⑥$_1$ 粉质黏土:黄褐色~灰色,软可塑,局部硬可塑;稍有光泽,摇振反应无,干强度中等,韧性中等;局部含有黏土薄夹层。该层分布不连续,呈透镜体分布,厚度 0.40~1.50m,层底高程 24.27~27.70m。

⑦圆砾:主要由结晶岩组成,亚圆形,颗粒坚硬,一般粒径 2~20mm,最大粒径 80mm,颗粒级配良好,局部地段为卵石层,局部含有黏性土薄夹层,中密。本次勘探所有钻孔均未穿透该层,最大揭露厚度为 8.60m。

4. 场地土的物理力学性质指标及工程特性

根据室内土工试验及现场原位测试结果,对各地层土的物理力学性质指标加以统计,具体见表 10-1~表 10-3。

**标准贯入 $N_{63.5}$ 试验分层统计成果**                                           表 10-1

| 地层编号地层名称 | 样本数 | 范围值 | 平均值 | 标准差 | 变异系数 | 修正系数 | 标准值 |
|---|---|---|---|---|---|---|---|
| ②粉质黏土 | 90 | 5.4~8.1 | 6.7 | 0.61 | 0.09 | 0.98 | 6.6 |
| ③粉质黏土 | 35 | 3.6~6.2 | 4.8 | 0.55 | 0.11 | 0.97 | 4.7 |
| ④中砂 | 33 | 16.3~25.3 | 19.6 | 2.00 | 0.10 | 0.97 | 19.0 |
| ⑤砾砂 | 42 | 17.2~28.4 | 23.0 | 2.13 | 0.09 | 0.98 | 22.4 |

动力触探（$N_{63.5}$）试验分层统计成果　　　　　　　　　　　　表 10-2

| 地层编号 | ④ | ⑤ | ⑥ | ⑦ |
|---|---|---|---|---|
| 地层名称 | 中砂 | 砾砂 | 圆砾 | 圆砾 |
| 样本数 | 203 | 203 | 770 | 437 |
| 最大值 | 11.2 | 16.0 | 35.3 | 34.1 |
| 最小值 | 5.1 | 6.4 | 6.3 | 10.8 |
| 平均值 | 7.6 | 10.2 | 13.8 | 19.1 |
| 标准差 | 1.33 | 1.57 | 4.01 | 5.26 |
| 变异系数 | 0.18 | 0.15 | 0.29 | 0.27 |
| 修正系数 | 0.98 | 0.98 | 0.98 | 0.98 |
| 标准值 | 7.4 | 10.0 | 13.6 | 18.7 |
| 建议值 | 7.4 | 10.0 | 13.6 | 18.7 |

由表 10-1 ~ 表 10-3 统计结果得出：②粉质黏土呈硬可塑状态，属中压缩性土；③粉质黏土呈软可塑状态，属中压缩性土；④中砂呈中密状态；⑤砾砂呈中密状态；⑥圆砾呈中密状态；⑦圆砾呈中密状态。

**五、水文地质条件**

**1. 气候气象**

沈阳属于北温带半湿润的季风性气候，同时受海洋、大陆性气候控制。冬季漫长寒冷，春季干燥多风，夏季炎热多雨，秋季凉爽湿润，春秋季短，冬夏季长。

从搜集到的以往历年气象资料看：沈阳历年平均气温为 7 ~ 8℃，7 月平均气温 24.6℃，1 月平均气温 -11.4℃，极端最高气温 38.7℃，极端最低气温 -33.1℃。每年 11 月中旬开始封冻，翌年 3 月初解冻。由于受全球气候的影响，近几年封冻时间略有推迟，冻结深度略有减小。

降水量：沈阳历年平均降水天数为 106 天，多集中在 6 ~ 9 月，年平均降水量为 720mm。

蒸发量：年平均蒸发量为 1420mm，每年 4 ~ 9 月蒸发量最大，占全年蒸发量的 67.4%。

湿度：历年月平均湿度为 9.1mbar，6 ~ 9 月湿度最大为 21.37mbar，1 月、2 月、12 月湿度小，月平均为 1.92mbar。

风向：冬季多为西北风、北风，夏季多为西南风、南风，春秋季风力较大，最大风速为 12 ~ 15m/s。

日照：日照时间历年平均为 2588.7h，日照率为 58%，全年平均晴天 136.7 天，云天 145.3 天，阴天为 83 天。

由于近年来全球气候的变化，沈阳地区的气候也有所改变。

**2. 本场地水文地质特征**

勘察期间，大部分钻孔在勘探深度内遇见地下水，其类型为第四系孔隙潜水，该地下水主要赋存在⑥圆砾、⑦圆砾层中，初见水位埋深 12.80 ~ 16.90m，稳定水位埋深 12.40 ~ 16.50m，相当于高程为 26.65 ~ 27.61m。地下水的补给来源主要为大气降水及地下径流。水位年变化幅度 1 ~ 2m。

## 土的物理力学性质指标统计值

表 10-3

| 地层 | 统计指标 | 含水率 $W$(%) | 天然密度 $\rho$(g/cm³) | 孔隙比 $e$ | 液性指数 $I_L$ | 压缩系数 $\alpha_{1-2}$(MPa⁻¹) | 压缩模量 $E_s$(MPa) | 黏聚力 $c$(kPa) | 内摩擦角 $\varphi$(°) | 黏聚力 $c_{cu}$(kPa) | 内摩擦角 $\varphi_{cu}$(°) |
|---|---|---|---|---|---|---|---|---|---|---|---|
| ②粉质黏土 | 样本数 | 110 | 110 | 110 | 93 | 110 | 110 | 108 | 108 | 2 | 2 |
| | 最大值 | 29.7 | 2.04 | 0.904 | 0.50 | 0.476 | 6.73 | 58.0 | 20.0 | 35.0 | 13.8 |
| | 最小值 | 17.8 | 1.84 | 0.615 | 0.26 | 0.240 | 3.82 | 23.8 | 11.6 | 34.7 | 13.1 |
| | 平均值 | 24.9 | 1.93 | 0.756 | 0.39 | 0.358 | 5.02 | 39.9 | 15.8 | 34.9 | 13.5 |
| | 标准差 | 2.14 | 0.05 | 0.07 | 0.07 | 0.05 | 0.64 | 8.14 | 1.40 | | |
| | 变异系数 | 0.09 | 0.02 | 0.09 | 0.17 | 0.14 | 0.13 | 0.20 | 0.09 | | |
| | 统计修正系数 | 1.01 | 1.00 | 1.02 | 1.03 | 1.02 | 0.98 | 0.97 | 0.99 | | |
| | 标准值 | 25.3 | 1.92 | 0.768 | 0.40 | 0.366 | 4.91 | 38.6 | 15.6 | | |
| ③粉质黏土 | 样本数 | 51 | 51 | 51 | 47 | 44 | 51 | 49 | 49 | 2 | 2 |
| | 最大值 | 34.9 | 2.03 | 0.987 | 0.73 | 0.496 | 5.46 | 52.0 | 16.2 | 31.5 | 11.5 |
| | 最小值 | 18.9 | 1.82 | 0.630 | 0.51 | 0.319 | 3.27 | 21.0 | 12.6 | 30.5 | 11.3 |
| | 平均值 | 27.0 | 1.91 | 0.799 | 0.60 | 0.407 | 4.30 | 39.0 | 14.0 | 31.0 | 11.4 |
| | 标准差 | 3.22 | 0.04 | 0.08 | 0.07 | 0.04 | 0.53 | 8.18 | 0.90 | | |
| | 变异系数 | 0.12 | 0.02 | 0.09 | 0.11 | 0.10 | 0.12 | 0.21 | 0.06 | | |
| | 统计修正系数 | 1.03 | 0.99 | 1.02 | 1.03 | 1.03 | 0.97 | 0.95 | 0.98 | | |
| | 标准值 | 27.8 | 1.90 | 0.817 | 0.62 | 0.418 | 4.17 | 37.0 | 13.8 | | |
| 备注 | | | | | | | | | | | |

1. 剪切试验为固结快剪;
2. $c_{cu}$ 黏聚力和 $\varphi_{cu}$ 内摩擦角指标为三轴固结不排水剪试验指标

当进行地下水的抗浮稳定验算,抗浮设防水位高程可采用 34.00m。若需降水时,地下水的综合渗透系数 $K$ 可采用 100m/d。

3. 地下水及环境土对建筑材料的腐蚀性评价

本场地环境类型为Ⅱ类。

根据钻孔所选取的地下水样的水质分析结果(略),判定地下水对混凝土结构具有微腐蚀性,对钢筋混凝土结构中的钢筋有微腐蚀性。根据土的易溶盐分析结果(略),判定该环境土对混凝土结构有微腐蚀性,对钢筋混凝土结构中的钢筋有微腐蚀性。

## 六、场地地震效应

(1)按《建筑抗震设计规范》(GB 50011—2010)规定,本场地抗震设防烈度为 7 度,设计地震分组为第一组,设计基本地震加速度值为 0.10$g$。

(2)根据各钻孔的波速测试结果(略),各层土的地基土动力参数见表 10-4。

**地基土动力参数成果表**  表 10-4

| 层次 | 岩性名称 | 剪切波速度 $v_s$(m/s) | 纵波速度 $v_p$(m/s) | 动剪切模量 $G_d$(MPa) | 动弹性模量 $E_d$(MPa) | 动泊松比 $\mu_d$ |
|---|---|---|---|---|---|---|
| ① | 杂填土 | 132~150 12~141 | 342~378 12~365 | 30.2~39.0 12~34.3 | 86.0~108.8 12~96.8 | 0.39~0.42 12~0.41 |
| ② | 粉质黏土 | 242~256 19~249 | 525~579 19~557 | 104.6~117.0 19~110.8 | 287.9~322.2 19~304.6 | 0.36~0.39 19~0.37 |
| ③ | 粉质黏土 | 225~237 9~232 | 561~625 9~594 | 90.4~100 9~96.4 | 255~284.1 9~271.7 | 0.40~0.42 9~0.41 |
| ④ | 中砂 | 268~279 12~273 | 608~728 12~666 | 131.9~143.0 12~137.1 | 366~394.6 12~383.2 | 0.38~0.42 12~0.40 |
| ⑤ | 砾砂 | 305~326 12~315 | 671~815 12~748 | 185.1~211.5 12~197.3 | 522.3~577.4 12~548.1 | 0.35~0.41 12~0.39 |
| ⑥ | 圆砾 | 332~406 46~368 | 773~1034 46~932 | 224.9~331.4 46~277.6 | 625.8~933.2 46~780.5 | 0.37~0.43 46~0.41 |
| ⑦ | 圆砾 | 398~447 37~422 | 981~1076 37~1044 | 323~407 37~363.9 | 915~1137 37~1020 | 0.39~0.41 37~0.40 |

场地地基土 20m 内等效剪切波速 $v_{se}=267$m/s,场地覆盖层厚度≥5m,建筑场地类别为Ⅱ类,设计特征周期为 0.35s。根据场地实测剪切波速和《建筑抗震设计规范》(GB 50011—2010)中表 4.1.3,土的类型:①杂填土为软弱土;②粉质黏土、③粉质黏土、⑥ $_{-1}$ 粉质黏土为中软土;其余地层为中硬土。场地对建筑抗震为一般地段,需要采取必要的抗震措施。

(3)勘察场地存在饱和砂土,根据本次勘察所做的标贯试验结果,按《建筑抗震设计规范》(GB 50011—2010)4.3.4 的规定,对本场地历史最高地下水位以下、埋深 20.0m 以内的饱和砂土进行液化判别,液化判别地下水位按 6.0m 计算。判别式如下:

$$N_{cr} = N_0\beta\left[\ln(0.6d_s + 1.5) - 0.1d_w\right]\sqrt{\frac{3}{\rho_c}}$$

式中：$N_0$——液化判别标准贯入锤击数基准值，取 7；

　　$\beta$——调整系数，取 0.8；

　　$\rho_c$——黏粒含量，取 3；

　　$d_w$——地下水位 按 6.0m 计算；

　　$d_s$——饱和土标准贯入点深度，m。

经计算，判别结果表明在 7 度地震烈度影响下场地内饱和砂土是不液化的。

### 七、地基土的分析与评价

#### 1.地基土均匀性评价

根据钻探揭示，场地的地层由①杂填土、②粉质黏土、③粉质黏土、④中砂、⑤砾砂、⑥圆砾、⑥₋₁粉质黏土、⑦圆砾组成，除⑥₋₁粉质黏土分布不连续外，其他各土层分布较均匀。勘察场地处于同一地貌单元，地基持力层底面坡度小于 10%，本场地地基宜按均匀地基考虑。

#### 2.天然地基

场①杂填土呈松散状态，成分、密实度不均匀，不宜做天然地基；其他各土层均可做天然地基。各层土的地基承载力特征值 $f_{ak}$ 及压缩模量 $E_s$（变形模量 $E_o$）可采用表 10-5 数值。

地基承载力特征值 $f_{ak}$ 及压缩模量 $E_s$（变形模量 $E_o$）　　　　　　表 10-5

| 地层编号及名称 | 承载力特征值<br>$f_{ak}$（kPa） | 压缩模量<br>$E_s$（MPa） | 变形模量<br>$E_o$（MPa） |
|---|---|---|---|
| ②粉质黏土 | 150 | 5.0 | |
| ③粉质黏土 | 130 | 4.3 | |
| ④中砂 | 290 | | 22.0 |
| ⑤砾砂 | 450 | | 25.0 |
| ⑥圆砾 | 550 | | 36.5 |
| ⑦圆砾 | 650 | | 45.0 |

#### 3.桩基或复合地基条件评价

若采用天然地基不能满足设计要求，可采用桩基或复合地基。

（1）桩端持力层的选择

根据勘察资料分析，⑥圆砾分布均匀、稳定，强度较高，可作为拟建建筑物的桩端持力层，但桩端应穿过⑥₋₁粉质黏土层进入稳定的桩端持力层。

（2）桩型的选择

可采用螺旋钻孔压灌桩，也可采用 CFG 桩复合地基。压灌桩具有桩长可灵活控制的特点，在本场区地层条件下，可根据承载力的要求控制适宜的进入持力层深度，且成桩质量有可靠保证。

（3）桩基设计参数

当采用螺旋钻孔压灌桩或 CFG 桩复合地基时，各层土的桩侧阻力特征值 $q_{sa}$ 及桩端阻力特征值 $q_{pa}$ 可采用表 10-6 中的值。

| 桩基设计参数表 | | | 表 10-6 |

**桩基设计参数表**　　　　　　　　　　　　　　　　　　表 10-6

| 地 层 名 称 | 螺旋钻孔压灌桩(CFG 桩) | |
|---|---|---|
| | 桩侧阻力特征值 $q_{sa}$<br>(kPa) | 桩端阻力特征值 $q_{pa}$<br>(kPa) |
| ②粉质黏土 | 25 | |
| ③粉质黏土 | 20 | |
| ④中砂 | 28 | |
| ⑤砾砂 | 50 | |
| ⑥圆砾 | 55 | 2500 |
| ⑥₋₁粉质黏土 | 20 | |

注:施工前均应进行试桩,以校对单桩承载力及成桩的可行性。

（4）单桩竖向承载力特征值 $R_a$ 估算

根据《建筑地基基础技术规范》（DB21/T 907—2015）中的式（9.3.3）：

$$R_a = u_p \sum q_{sia} l_i + u_p \sum \psi_{si} q_{sia} l_{gi} + \psi_p q_{pa} A_p \qquad (9.3.3)$$

式中：$R_a$——单桩竖向承载力特征值；

$\psi_p$——桩端阻力修正系数；

$q_{pa}$、$q_{sia}$——桩端阻力、桩侧阻力特征值,kPa；

$A_p$——桩底端横截面积,$m^2$；

$u_p$——桩身周边长度,m；

$l_i$——第 $i$ 层岩土的厚度,m；

$\psi_{si}$——后注浆桩侧阻增强系数；

$l_{gi}$——后注浆竖向增强段内第 $i$ 层岩土的厚度,m。

选取代表性钻孔（32 号）的地层结构进行单桩竖向承载力特征值（$R_a$）估算,桩端进入持力层不宜小于 2.0m,其估算结果见表 10-7。

**单桩竖向承载力特征值（$R_a$）估算表**　　　　　　　表 10-7

| 拟建筑物<br>(估算孔号) | 持力层名称 | 桩型 | 桩顶高程<br>(m) | 桩底高程<br>(m) | 桩长<br>(m) | 桩径 $\phi$<br>(m) | $R_a$<br>(kN) |
|---|---|---|---|---|---|---|---|
| 32 | ⑥圆砾 | 螺旋压灌桩<br>(CFG) | 40.77 | 26.17 | 14.6 | 0.40 | 896 |
| | | | | | | 0.60 | 1609 |

4. 场地地下水对基础及施工的影响

场地地下水埋藏较深,不会影响基础及施工。对于采用天然地基的建筑物应避免降雨及地表积水渗入基槽浸泡基底土层而给基础及施工带来的不利影响。

5. 桩基础施工注意事项

桩基础施工时应尽可能在正常工作时间进行,以避免给周边环境造成不利影响。桩基础施工过程中产生的废弃桩头、废弃残渣、泥浆等应及时清运至指定政府排放地点,这样既保证施工现场安全、文明施工,又不造成环境污染。

6.基坑开挖

场地1~2层地下室,基础埋深5~10m,按《高层建筑岩土勘察规程》(JGJ 72—2004),基坑工程安全等级为二级。基坑开挖及结构施工期间,应建立完整的测量和监测系统,以信息化指导施工。施工前制订监测计划,施工中收集研究与地面沉降有关参数,基坑开挖的过程中的监测项目宜包括:

(1)对基坑周围的渗、漏、冒水、潜蚀、管漏等监测;

(2)基坑顶部及周围地表的水平位移、垂直位移等;

(3)基坑附近的建筑物、地下设施;

(4)支护系统、墙体和桩基等的应力和应变。

## 八、结论与建议

(1)场地地层层位稳定,土层分布较均匀,无不良地质作用,场地稳定,可以建建筑物。

(2)场地除①杂填土呈松散状态,不宜做天然地基外,其余各层土均可做天然地基,其地基承载力特征值$f_{ak}$及压缩模量$E_s$(变形模量$E_o$)可采用表10-5。

(3)当采用天然地基不能满足设计要求时,可采用螺旋钻孔压灌桩或CFG桩复合地基,螺旋钻孔压灌桩或CFG桩可采用⑥圆砾作为拟建建筑物的桩端持力层,各层土的桩侧阻力特征值及桩端阻力特征值可采用表10-6数值。单桩竖向承载力特征值除参考估算值外,应进行现场静载荷试验。CFG桩复合地基也应进行现场静载荷试验。

(4)基坑开挖时,如具备自然放坡条件,建议边坡坡度可采用(高宽比)1:1.25,并采用土钉锚的方法进行加固;如不具备自然放坡条件,建议采用基坑桩锚排桩支护,各层土的黏聚力标准值$c_k$、内摩擦角标准值$\varphi_k$、重度$\gamma$建议参考表10-8。

各层土的抗剪强度及重力密度     表 10-8

| 地 层 名 称 | $c_k$(kPa) | $\varphi_k$(°) | $\gamma$(kN/m³) |
|---|---|---|---|
| ②粉质黏土 | 34.9 | 13.5 | 19.0 |
| ③粉质黏土 | 31.0 | 11.4 | 18.5 |
| ④中砂 | 0.0 | 31.0 | 19.5 |
| ⑤砾砂 | 0.0 | 35.0 | 19.5 |
| ⑥圆砾 | 0.0 | 36.5 | 20.0 |

(5)勘察期间,大部分钻孔在勘探深度内遇见地下水,其类型为第四系孔隙潜水,该地下水主要赋存在⑥圆砾、⑦圆砾层中,初见水位埋深12.80~16.90m,稳定水位埋深12.40~16.50m,相当于高程为26.65~27.61m。地下水的补给来源主要为大气降水及地下径流。水位年变化幅度1~2m。场地地下水埋藏较深,地下水对基础施工无影响。

场地地下水对混凝土结构有微腐蚀性,对钢筋混凝土结构中的钢筋有微腐蚀性。场地地下水位以上环境土对混凝土结构具有微腐蚀性,对钢筋混凝土结构中的钢筋有微腐蚀性。

基础设计时,抗浮设防水位应按34.00m(高程)考虑。由于建筑物使用期间,其周边地下管网可能发生渗漏以及地表水渗入会形成暂时性滞水,建议室外地坪高程以下采取防渗措施,防渗设计水位高程建议采用室外地坪高程。

（6）场地抗震设防烈度为7度，设计基本地震加速度值为0.10$g$，设计地震分组为第一组。土类型划分为：①杂填土为软弱土；②粉质黏土、③粉质黏土、⑥$_{-1}$粉质黏土为中软土；其余地层为中硬土。建筑场地类别为Ⅱ类，设计特征周期为0.35s。场地饱和砂土为不液化地层，场地对建筑抗震为一般地段。

（7）场地标准冻结深度为1.20m。根据《建筑地基基础设计规范》（GB 50007—2011）表G.0.1中公式$W_p + 5 < W \leqslant W_p + 9$判定，②粉质黏土为Ⅲ级冻胀土（式中$W_p$取19.6，$W$取24.9）。

## 思考题

1.岩土工程分析的主要内容有哪些？

2.为什么岩土参数统计分析前首先要划分工程地质单元？

3.如何理解岩土参数的标准值计算公式中正负号按不利组合考虑？

4.为了保证工程勘察成果报告的质量，要做好哪些工作？

5.勘察成果中应包括哪些主要内容？

# 参 考 文 献

[1] 《工程地质手册编委会》. 工程地质手册(第四版)[M]. 北京:中国建筑工业出版社,2007.

[2] 2014 注册岩土工程师必备规范汇编(上、下册)[M]. 北京:中国建筑工业出版社,2014.

[3] 李广信. 岩土工程 50 讲——岩坛漫话(第二版)[M]. 北京:人民交通出版社,2010.

[4] 高大钊. 土力学与岩土工程师 岩土工程疑难问题答疑笔记整理之一[M]. 北京:人民交通出版社,2009.

[5] 建设部综合勘察研究设计院. GB 50021—2001 岩土工程勘察规范[S]. 北京:中国建筑工业出版社,2009.

[6] 中华人民共和国行业标准. JTS 133-1—2013 公路工程地质勘察规范[S]. 北京:人民交通出版社股份有限公司,2013.

[7] 中华人民共和国交通运输部. JTS 133-1—2010 水运工程岩土勘察规范[S]. 北京:人民交通出版社,2010.

[8] 中华人民共和国行业标准. TB 10012—2007 铁路工程地质勘察规范[S]. 北京:中国铁道出版社,2007.

[9] 机械工业勘察设计研究院. JGJ 72—2004 高层建筑岩土工程勘察规程[S]. 北京:中国建筑工业出版社,2004.

[10] 水利部水利电规划设计总院,长江水利委员会长江勘测设计研究院. GB 50487—2008 水利水电工程地质勘察规范[S]. 北京:中国计划出版社,2009.

[11] 北京城建勘测设计研究院有限责任公司,北京城建设计研究总院有限责任公司,等. GB 50307—2012 城市轨道交通岩土工程勘察规范[S]. 北京:中国计划出版社,2012.

[12] 北京市勘察设计研究院有限公司. CJJ 56—2012 市政工程勘察规范[S]. 北京:中国建筑工业出版社,2013.

[13] 孔宪立,石振明. 工程地质学[M]. 北京:中国建筑工业出版社,2011.

[14] 孙巍,沈小克,张在明. 岩土工程勘察今后十年发展趋势[J]. 工程勘察,2001(3):65-68.

[15] 项伟,唐辉明. 岩土工程勘察[M]. 北京:化学工业出版社,2012.

[16] 刘之葵,牟春梅,朱寿增,等. 岩土工程勘察[M]. 北京:中国建筑工业出版社,2012.

[17] 高金川,张家铭. 岩土工程勘察与评价[M]. 武汉:中国地质大学出版社,2013.

[18] 李智毅,唐辉明. 岩土工程勘察[M]. 武汉:中国地质大学出版社,2000.

[19] 王奎华. 岩土工程勘察[M]. 北京:中国建筑工业出版社,2005.

[20] 姜宝良. 岩土工程勘察[M]. 郑州:黄河水利出版社,2011.